流域污染控制与水源地保护

邢可霞 等 主编

中国农业出版社
北 京

主　　编： 邢可霞　杨琰瑛　曹昱亮　师荣光
副 主 编： 李欣欣　李晓华　李俊霖　马田田　郑向群
参编人员： 樊　丹　胡斯威　李　昂　赵　欣　刘　凯
程志华　王　帆　屈　菲　张希圣　何荣玉
吴　犇　米长虹　郑宏艳　夏　维　张福合
刘增玮　李成玉　张艳萍　刘　钊　魏欣宇
杨午滕　刘　灏　薛　琳　黄　洁　莫　铮
翟熙玥　孙杨承　王　利　杨龙英　于倚龙
张又文　张海洋　马　成　杨　珂　程丹丹
张相松　孙晓蓉　周　滨

QIANYAN

前言

随着社会经济的飞速发展和人口规模的不断扩大，水资源短缺、水质污染和水生态退化三大问题已成全球可持续发展需要面临的共同挑战。虽然我国的淡水资源总量居世界第六位，但人均淡水资源占有量仅为世界人均占有量的1/4，被联合国列为最贫水的国家之一。在我国淡水资源十分稀缺的大背景下，湖泊、水库、河流等水源地水污染状况，更加剧了我国严峻的饮水安全问题。饮水安全问题直接关系到人民群众的身体健康和生命安全，影响了社会稳定。党中央、国务院高度重视饮用水水源地环境保护，将其作为污染防治攻坚战的七大标志性战役之一，明确要求打好水源地保护攻坚战。习近平总书记在中央财经委员会第一次会议和推动长江经济带发展座谈会上作出打好水源地保护攻坚战的重要指示，提出饮水安全是人民生活的一条底线，要确保所有城乡居民喝上清洁安全的水。水源地保护工作是实现生态文明战略的重要组成部分，是保障区域社会经济生态复合系统可持续健康发展的重要内容。

全书内容共分7章：第一章介绍水源地的相关概念、水源地安全的内涵、水源地现状、水源地水环境污染的来源及特点；第二章介绍水源地保护制度的发展历程及水源地保护的相关标准；第三章对我国水源地保护的人文环境进行了分析；第四章介绍了水源地环境保护典型技术与工程模式；第五章介绍了国外典型水源地生态保护案例；第六章介绍了我国湖泊型水源地的治理案例；第七章介绍了我国水库型水源地的治理案例。

本书由邢可霞组织策划，邢可霞、杨琰瑛、曹昱亮、师荣光、李俊霖、马田田、李晓华、李欣欣和郑向群等执笔和统稿。第一章由邢可霞、杨琰瑛、李昂等撰写完成；第二章由程志华撰写完成；第三章由王帆撰写完成；第四章由师荣光、郑向群、马田田、刘凯等撰写完成；第五章由曹昱亮、李晓华、屈菲等撰写完成；第六章由李欣欣、李俊霖、张希圣等撰写完成；第七章由邢可霞、杨琰瑛、师荣光、胡斯威等撰写完成。同时，樊丹、赵欣、米长虹、郑宏艳、夏维、张福合、刘增玮、何荣玉、屈菲、张希圣、吴犇等也参与了本书相关内容的撰写。

本书是在 UNDP“中国农村安全饮水与水资源环境保护项目”和 948 项目“农村清洁能源技术引进和对外合作与示范项目”的资助和支持下完成的。本书图文并茂、可读性强，可为我国水源地保护和流域污染控制提供参考。

由于编者水平有限，加之客观条件所限，书中难免有不足之处，敬请读者批评指正。

编　者

2022 年 2 月

mulu

目　录

前言

1　水源地概况 …… 1

1.1　水源概念和分类 …… 1
1.2　水源地概念界定和分类 …… 3
1.3　水源地安全的内涵 …… 5
1.4　水源地现状 …… 9
1.5　水源地水资源环境问题 …… 16
1.6　水源地水环境污染的来源及特点 …… 18
参考文献 …… 25

2　水源地保护的制度及标准 …… 28

2.1　水源地保护的必要性 …… 28
2.2　水源地保护制度 …… 30
2.3　水源地及饮用水相关水质标准 …… 38
2.4　国外饮用水水源地保护经验及启示 …… 68
参考文献 …… 70

3　水源地保护的人文环境 …… 72

3.1　政策法律环境 …… 72
3.2　社会文化环境 …… 80
3.3　技术创新环境 …… 83
参考文献 …… 87

4　水源地环境保护典型技术与工程模式 …… 89

4.1　国外水源地保护典型技术介绍 …… 89
4.2　国内水源地保护典型技术介绍 …… 94

4.3 水源地保护典型工程 …… 110
参考文献 …… 114

5 国外典型水源地生态保护案例 …… 116

5.1 北美五大湖的流域保护对策 …… 116
5.2 日本琵琶湖的流域保护对策 …… 124
5.3 欧洲莱茵河的流域保护对策 …… 129
参考文献 …… 134

6 我国湖泊型水源地的治理案例 …… 136

6.1 河北省白洋淀水环境现状及保护实施方案 …… 136
6.2 山东省东平湖水环境现状及保护实施方案 …… 143
参考文献 …… 154

7 我国水库型水源地的治理案例 …… 156

7.1 北京市密云水库水环境现状及保护实施方案 …… 156
7.2 湖北省丹江口水库水环境现状及保护实施方案 …… 169
参考文献 …… 176

1 水源地概况

1.1 水源概念和分类

关于水源地的概念界定，首先最重要的是进行水源界定。对此，目前尚无统一标准。《英国大百科全书》称："水源为自然界全部所有形态的水体"；苏联水文学家斯宾列格在《水与人类》一书中认为，水源为某一区域的地表和地下水储量，并把水源分为更新非常缓慢的水文储量和年内可以恢复的储量两类；我国《大百科全书》定义水源为地球表面可供人类利用的水包括水量、水域和能量水源，但也强调"一般指每年可更新的水量资源"；《中国百科大辞典》认为，"水源是指地球表层可供人们利用的水包括水量、水域、水能资源"；《中国水源评价》则把"当地降水形成的地表和地下水量"定义为区域水源总量。综上所述，关于水源界定论述中比较一致的看法是，认为水源是可为人类直接或间接利用并可更新的那部分水源所在的区域（金田，2013；刘锦原，2013）。

1.1.1 地表水源和地下水源

水源地根据水源位置处于地表还是地下，可以划分为地表水源地和地下水源地。

（1）地表水（surface water），是指陆地表面上动态水和静态水的总称，亦称陆地水。地表水包括各种液态的和固态的水体，主要有河流、湖泊、沼泽、冰川、冰盖等。它是人类生活用水的重要来源之一，也是各国水资源的主要组成部分。

（2）地下水（ground water），是指储存于地面以下岩石空隙中的水，狭义上是指地下水面以下饱和含水层中的水。在《水文地质术语》（GB/T 14157—1993）中，地下水是指埋藏在地表以下各种形式的重力水。地下水资源是指在一定期限内，能提供给人类使用的，且能逐年得到恢复的地下淡水量。国外学者认为，地下水的定义有3种：一是指与地表水有显著区别的所有埋藏在地下的水，特指含水层中饱水带的那部分水；二是向下流动或渗透，使土壤和岩石中的水分达饱和，并补给泉和井的水；三是在地下的岩石空洞里和组成地壳物质的空隙中储存的水。地下水是水资源的重要组成部分，由于水质好并且水量稳定，是居民饮用、农业灌溉、工矿和城市的重要水源之一，通常以地面入渗补给量（包括天然补给量和开采补给量）计算其数量。因此，地下水资源的开采一般不应超过补给量，否则地下水的变化也会引起沼泽化、盐渍化、滑坡、地面沉降等不利影响。

1.1.2 河流型水源、湖库型水源和地下水源

依据其水域类型，可以划分为河流型水源、湖库型水源和地下水源（哈德力别克·马吉提等，2018）。

（1）河流型水源。河流分布较广，流量较大，水量更新快，便于取用。由于其巨大的供水量，历来就是人类开发利用的主要水源。但河流洪水受季节和降水的影响较大，还受地形、地质、土壤、植被等下垫面因素的影响，水量供应不稳定。此外，河流水极易受工业废水及生活污水的污染，其浑浊度和细菌含量较高，主要污染指标包括化学需氧量（COD）、生化需氧量（BOD）、氨氮和大肠菌群等（李仰斌等，2007）。此外，与海邻近的河流还受潮汐影响，使得盐类含量升高。

（2）湖库型水源。湖库型水源分湖泊型水源和水库型水源。湖泊泛指陆域环境上相对低洼地区所蓄积出一定规模而不与海洋发生直接联系的自然水体。按成因可划分为构造湖、火山湖、山崩湖、水力冲积湖、潟湖、岩溶湖、冰川湖和人工湖，也可按湖水温度或含盐量划分为暖湖、温湖、冷湖或淡水湖、微咸湖、咸水湖和盐湖等。湖泊型水源水位变化小，流速缓慢，水量充足，水质较稳定，更新缓慢，浑浊度较低。水库则是在河流水系基础上，通过人工方式构筑，半人工半自然的水体类型。水库作为一种特殊的生态系统类型，具有河流与湖泊的混合特性。水库与湖泊在水动力过程、营养盐循环和生态系统结构演变等影响水质的关键过程方面存在明显的差别。

湖库型水源地易受化肥、农药污染，也容易受到生活污水排放的干扰。湖库型水源地污染指标主要包括COD、总磷和总氮等，如云南最大的淡水湖——滇池，水体严重富营养化。依据湖泊、水库型饮用水水源地所在湖泊的水面面积和水库总库容，将湖泊、水库型饮用水水源地进行规模分级，分级结果见表1.1。

表1.1 湖泊、水库型饮用水水源地分级

水源地类型	分级	水源地类型	分级
水库	小型（$V<0.1$亿立方米）	湖泊	小型（$S<100$平方千米）
	中型（0.1亿立方米$\leqslant V<1$亿立方米）		大中型（$S\geqslant 100$平方千米）
	大型（$V\geqslant 1$亿立方米）		

资料来源：《饮用水水源保护区划分技术规范》（HJ 338—2018）。

注：V为水库总库容；S为湖泊水面面积。

（3）地下水源。这里的地下水源包括泉水、浅层地下水和深层地下水。地下水按其在地层中的位置及其补给、径流、排泄条件的不同，水质水量也有差异。

①泉水。泉是地下水天然露出至地表的地点，或者地下含水层露出地表的地点。泉水的水质一般较好，不容易受到污染，大多数可直接饮用，但其流量大小、动态情况因地质条件不同而有很大差异。地势高的泉水还可自流供水，是一种较好的农村饮用水源，但是供水量不稳定，有潜在污染的可能（安迪，2019）。

②浅层地下水。浅层地下水狭义上是指埋藏在地表以下、第一个隔水层以上的含水层。广义上，主要指埋藏相对较浅、与当地大气降水或地表水体有直接补排关系的潜水或弱承压水，主要是地表以下 60 米内的含水层。浅层地下水由大气降水、地表径流透水形成，水质与水量均受降水和径流影响，埋藏一般为几米至十几米之间，常处于流动状态，更新较快，其水质则主要受土壤环境和土壤卫生状况的影响。其特点是：补给水源较近，补给区与排泄区相同，可由河流、降水渗透补给；水位、水量会随季节或抽水量而产生较大变化；水质易受地表或地下污染物污染，与周围环境有密切关系；浑浊度较低，一般无色；部分地区的铁、锰、氟或砷含量较高或超过卫生标准。由于其埋层浅，未经深层岩石过滤，水体极易被工厂排放的污水和农田残留的农药污染，使用浅层受污染的地下水会危害人体健康。浅层地下水广泛分布于我国山丘区和平原区。

③深层地下水。深层地下蓄水层是指深度在地表之下 1 000 米左右的蓄水层，其蓄水量要比地表河湖总蓄水量大得多，目前探明的蓄水量已是地表水量的 100 倍。该蓄水称为承压水，是充满两个隔水层之间的含水层中的地下水（周军学，2012）。承压水由于顶部有隔水层，它的补给区小于分布区，动态变化不大，不容易受污染。由于含水层边界有不透水层的保护，水质一般较好，无色透明，细菌含量通常符合卫生标准要求，是最理想的水源地（安迪，2019）。其蓄水量要比地表河湖总蓄水量大得多，目前探明的蓄水量已是地表水量的 100 倍。

1.2 水源地概念界定和分类

关于饮用水水源地的概念，当前我国相关的法律法规未作出明确界定，仅有环境保护部发布的《集中式饮用水水源地规范化建设环境保护技术要求》（HJ 773—2015）中将饮用水水源地定义为："提供居民生活及公共服务用水的取水水域和密切相关的陆域。"上述界定虽然能够表现出饮用水水源地的某些特征，但仍不尽完善。

饮用水水源地应当符合以下条件：一是能够满足居民日常生活以及生产活动的取水需要，这是确定饮用水水源地的目的所在，公共服务用水的目的也是为更好地服务生产生活活动，因而被生产生活活动用水所涵盖；二是能够确保饮用水的健康安全，这是确定饮用水水源地的基本要求，作为饮用水水源地，该地域内的水质应当达到国家标准的相关要求；三是饮用水水源地的水量应当达到一定的体量，并能够满足未来一定期间内用水的持续需求，这是饮用水水源地所需要满足的内在要求；四是饮用水水源地的范围应当包含取水水域以及水域周边一定范围的陆域。

水源地可以概括为能够为一定区域范围内的自然界和人类社会提供生活、生产和生态用水，从而维持该区域范围内的社会可持续发展和生物多样性的区域，水源地主要是从区域属性的角度来定义的，体现了强烈的区域性。饮用水水源地包括了提供动植物生存和城镇居民生活及公共服务用水（如政府机关、企事业单位、医院、学校、餐饮业、旅游业等用水）取水工程的水源地域，包括河流、湖泊、水库、冰川、地下水等。设立饮用水水源地保护区，是保护饮用水水源地最大可能免受人类活动影响、保证水质安全的重要措施（高凤，2020）。

依据水源地的供水人数，可以划分为集中式饮用水水源地和分散式饮用水水源地。

（1）集中式饮用水水源地。集中式饮用水水源地是指进入输水管道网送入用户的和具有一定供水规模（供水规模一般大于 1 000 人）的饮用水水源地。集中式饮用水水源是城市人口饮用水的主要来源。集中式饮用水水源地可以分为河流型、湖库型和地下水型 3 种类型。从水源地供水量来看，河流型水源地供水量最大，地下水型水源地供水量相对较小。从水源地的分布情况来看，南方省份以河流型和湖库型水源地为主，北方省份以地下水型水源地为主（郑丙辉等，2007）。

（2）分散式饮用水水源地。分散式饮用水水源地是指供水小于一定规模（供水规模一般小于 1 000 人）的现用、备用和规划饮用水水源地。一般而言，城市饮用水水源地为集中式饮用水水源地，农村饮用水水源地为分散式饮用水水源地。农村饮用水水源类型主要为地表水源和地下水源两类，其中地表水源包括河流水、湖泊水、水库水、溪沟水和坑塘水；地下水源包括潜水、承压水和泉水。不同地区因其水资源特征不同，供水水源的类型也有所差异。例如，长江以南地区主要以地表水供应为主，而华北、西北地区则主要以地下水供应为主；在缺水地区，降水也可积蓄起来作为饮用水，黄土高原地区窖水通常也被用作农村饮用水水源。

1.3 水源地安全的内涵

饮用水水源地安全的内涵包括水量稳定且充足、水质符合相关饮用水标准、饮用水水源地周边生态环境处于良好状态。饮用水水源地安全应包括水量安全、水质安全、水源地生态安全。

随着社会经济的发展、人口的增长对资源利用强度加大，水源地出现了水量短缺、水位下降、水质污染、地面塌陷、水源地生态退化等水环境安全问题，改变了水源地的动态平衡结构。人类持续不断的社会经济活动，使水源地逐渐丧失正常的供水功能而不能满足人们对饮用水的基本需求，造成人体健康状况恶化、危及社会稳定等一系列社会安全问题（王丽红等，2007）。

饮用水水源地安全受到的威胁涉及两方面：一是直接威胁水源地安全，即由某些理性因素导致向饮水工程提供水源的取水水域和密切相关的陆域出现威胁，包括水质污染、水量短缺、海水入侵、水体富营养化、水土流失等；二是间接威胁水源地安全，即由于人为因素导致饮水工程的运行、管护的安全和水源地应对突发事件的应急能力遭到威胁，如水源地取水工程供水能力不足、设备老化失修、管理维护机制不完善等。消除直接威胁即可保证水源地的取水水域和陆域的安全；消除间接威胁即可保证饮水工程的建设、运行及管理的安全。只有让饮用水水源地处于一种不受威胁、没有危险的健康状态，才能达到饮用水水源地安全的状态（余光亚，2008）。本书中的水源地安全主要指消除直接威胁水源地安全的因素，包括水量安全、水质安全和水源地生态安全。

1.3.1 水量安全

1.3.1.1 水量安全的内涵

由于水源地包含取水工程，可以将水量安全理解为饮用水水源地有充足稳定的产水量，并满足持续供水的要求。即通过天然径流（包括地表径流和地下径流）、降水等途径产水；再通过饮水工程的供水能力来综合反映水源地整体水量安全。水量安全评价包括针对水源地产水能力和供水能力的评价。

1.3.1.2 水量安全评价

水量是饮用水水源地安全状况的重要指标，水量安全主要体现在水源地的产水能力和供水能力能否满足设计的要求。从我国相关研究经验和成果来看，水量安全指标的确定应从水源地的水量平衡出发，即水源地的产水和供水两方面进行分析。饮用水水源地的水量变化主要包括以下途径：通过天然径流、降水进入水源地，再通过供水、泄流、蒸发以及入渗离开水源地。

水源地水量安全主要体现在水源地产水能力和供水能力满足设计要求。参考《城市饮用水水源地安全状况评价技术细则》确定的水量指标和相应的安全标准来评价水源地水量的安全状况。地表水源地的产水能力可以通过枯水年来水保证率表征，地下水源地的产水能力可以通过地下水开采率表征。这两个指标从侧面反映水源地产水是否处于正常的水量状态；供水是饮用水水源地的主要功能，水源地的供水状况体现在饮水工程的供水能力。

综上所述，水源地水量安全状况可以通过两个指标表示：地表水源地即枯水年来水保证率和工程供水能力（胡尊乐等，2011）；地下水源地即地下水开采率和工程供水能力（朱晓红等，2009）。具体公式如下所示：

（1）地表水饮用水水源地水量评价两个指标：①地表水产水能力。产水能力通过枯水年来水量保证率来体现，河道和湖库的枯水年来水量保证率公式如下：河道枯水年来水量保证率＝现状水平年枯水流量/设计枯水流量×100%，湖库枯水年来水量保证率＝现状水平枯水年来水量/设计枯水年来水量×100%。②地表水供水能力。供水能力＝现状综合生活供水量/设计综合生活供水量×100%（胡尊乐等，2011）。

（2）地下水饮用水水源地水量评价指标：①地下水产水能力，地下水开采率＝实际供水量/可开采量；②地下水供水能力，同地表水供水能力。

1.3.2 水质安全

1.3.2.1 水质安全的内涵

水质安全指饮用水水源地水域中各项指标都能够持续地满足饮用水水源水质标准的要求。《生活饮用水卫生标准》（GB 5749—2006）中对生活饮用水水源水质卫生的要求是，采用地表水为生活饮用水水源时，应符合《地表水环境质量标准》（GB 3838—2002）的要求；采用地下水为生活饮用水水源时，应符合《地下水质量标准》（GB/T 14848—2017）的要求。水质安全评价即对水源地水域的水质等级进行评估。要特别注意的是，湖库型饮用水水源地容易发生富营养化，在对其进行水质评价时，应将富营养化指数纳入水质子系统评价的指标体系中。

1.3.2.2 水质安全评价

水质安全是水源地安全的重要组成部分，水质状况直接影响到饮用水水源地安全状况，要保障饮水安全，就必须保证水源地水域水质达标。因此，在评价指标的选取中，应重点考虑水质因素，并将其作为衡量饮用水水源地安全状况的重要指标之一。

水体是一个完整的生态系统，其中包括水、水中的悬浮物、溶解物、底质和水生生物等。《生活饮用水卫生标准》（GB 5749—2006）将水源地水质指标分为微生物指标、毒理指标、感官性状和一般化学指标、放射性指标。参考这

4种水质指标类型，将《地表水环境质量标准》（GB 3838—2002）与《地下水质量标准》（GB/T 14848—2017）中的指标分类处理。微生物指标主要有粪大肠菌群、总大肠菌群、大肠埃希氏菌、细菌总数。微生物指标是极其重要的，因为它能在同一时间造成大片人群发病或死亡。毒理指标包括毒性有机物、无机物、重金属和农药等，污染物之间产生的复合毒性也会加深水源地水体的污染，毒理指标是防止长期积累导致慢性疾病或癌症的指标。感官性状和一般化学指标有水温、色度、浑浊度、COD、BOD、氨氮、总氮、总磷等，有些虽不一定对身体健康造成直接的严重危害，但会导致饮用水者对供水水质安全性发生怀疑，甚至产生厌恶感可能为水质污染的间接反映。放射性污染一般很少见，可以不用参与评价，但特殊条件除外。因此，所选的水质指标体系应尽可能包含微生物指标、毒理指标、感官性状和一般化学指标（马东祝，2006）。地表水源水质和地下水源水质分别满足《地表水环境质量标准》（GB 3838—2002）和《地下水质量标准》（GB/T 14848—2017）中Ⅲ类标准。

《地表水环境质量标准》（GB 3838—2002）中规定："依据地表水水域环境功能和保护目标，按功能高低依次划分为五类。"其中，"Ⅰ类主要适用于源头水、国家自然保护区""Ⅱ类主要适用于集中式生活饮用水地表水源地一级保护区、珍稀水生生物栖息地、鱼虾类产卵场、仔稚幼鱼的索饵场等""Ⅲ类主要适用于集中式生活饮用水地表水源地二级保护区、鱼虾类越冬场、洄游通道、水产养殖区等渔业水域及游泳区"，Ⅳ类及Ⅴ类不能作为饮用水水源。

《地下水质量标准》（GB/T 14848—2017）中规定："依据我国地下水水质现状、人体健康基准值及地下水质量保护目标，并参考了生活饮用水、工业农业用水水质要求，将地下水质量划分为五类。"其中，"Ⅰ类、Ⅱ类适用于各种用途""Ⅲ类以人体健康基准为依据，主要适用于集中式生活饮用水水源及工、农业用水""Ⅳ类以农业和工业用水要求为依据，除适用于农业和部分工业用水外，适当处理后可作生活饮用水""Ⅴ类不宜饮用"（张晓，2014）。由于村镇地区的条件限制，并不是所有饮水工程都具备污水处理功能，不能保证水源水能经过有效处理，所以地下水分类中也只有前3类能作为饮用水水源。

在选取水质指标时，可以依据这两个标准中的各项指标，有针对性地选取地表水和地下水指标来进行评价。地表水源地有多种类型，各种类型的污染特征和途径也都不同。因此，在选择水质指标时，应区别对待、分类选取。尤其是湖库型饮用水水源地除了水质类别外，还应考虑富营养化指数。

1.3.3 水源地生态安全

1.3.3.1 水源地生态安全的内涵

生态安全状况是指水源地作为自然系统、经济系统、社会系统的复合统一体在受到社会发展、资源供给对其调配供水能力需求的压力下，水源地生态系统自身稳定性、水源涵养能力、环境质量的状况和人类活动对其产生的影响等。

考虑到水源地生态系统服务功能，可以从三方面对水源地生态安全进行分析。从经济发展来看，在水量上要满足供水的需求，水资源保障问题成为经济发展的制约因素；从自然环境来看，水源地在满足水分供给、侵蚀控制、沉积物保持、生物控制和遗传资源等服务的基础上，在水源涵养、水体净化功能和生态系统稳定性方面需要得到更多的保障；从社会响应来看，实现水源地生态安全，需要政府和公众的共同参与，出台相关保护政策、明确各部门职责、加强环境保护宣传和教育以保障生态系统服务功能多样性和稳定性。简而言之，所追求的目标就是实现水源地生态系统整体结构的优化。

1.3.3.2 水源地生态安全评价

水源地生态安全是指水源地处于一种不受威胁、没有危险的健康状态，是水源地安全的重要组成，是水源地供水安全的重要保证。因此，生态环境的好坏也是水源地安全评价的重要指标，有必要对饮用水水源地的生态安全进行评价（胡和兵等，2008）。由于社会经济的发展，水源地生态系统面临供水需求增大和污染源增多的压力，生态系统与自然环境状态都会发生变化，基于这些改变，大自然会自我调节作出响应，社会和个人也会采取一些措施来减轻、阻止、恢复这些变化，从而进行补救。生态安全指标的选取可以参考经济合作与发展组织（OECD）和联合国环境规划署（UNEP）共同提出的压力-状态-响应（P-S-R）模型。此模型概念依据即人类活动对环境产生了压力（压力P），改变了环境状况（状态S），社会对这些变化作出相应的应对措施（响应R）。该模型突出了系统循环的各因素关系与可持续的环境目标之间联系较密切，从人类与环境系统的相互作用与影响出发，对环境指标进行组织分类，具有非常清晰的因果关系和较强的系统性。

压力（P）是指人类活动和经济发展对水源地生态环境造成的负荷，因为经济发展水平在一定程度上与环境污染程度一致，而人均GDP是最能客观反映水源地保护区内的经济发展情况，人口密度指标用于考察水源地周边（或保护区内）常住人口密度来分析对水源地的潜在污染状况，一定意义上反映了生活污水及垃圾排放量。人均耕地面积反映农村居民点后备土地资源状况，耕地资源的多少直接制约农村居民点规模的扩展，增加农业开发压力。

状态（S）是指水源地的生态系统稳定性、水源涵养能力和环境质量状况等，其中流域植被破坏是造成流域生态安全受到破坏，进而影响水源地安全的根本原因。减少农业用地面积，可以减轻农业面源污染向地下水源渗漏量。不同土地利用方式对水土流失状况，即水源涵养能力的影响，可以通过森林覆盖率来表示，因为林地是其中涵养水源效果最好的，而且数据较易获得。生态系统健康最终都会反映到生物群落的结构上来，生物完整性指数（IBI）主要是从生物集合体的组成成分（多样性）和结构两个方面反映生态系统健康状况，是目前水生态系统研究中应用最广泛的指标之一。

响应（R）是指针对水源地生态环境状态人为采取的污染防治措施。污废水任意排放、垃圾随意堆放、化肥和农药不合理使用以及污水灌溉使水源地周边的生态环境遭到恶化，是水源地污染的重要原因。因此，可以选用污水处理率、化肥和农药利用率，不仅用来反映水源地的生态环境状况，而且能分别反映点源和面源污染治理的程度（王开章等，2009）。

1.4 水源地现状

我国水资源总量丰富，但人均占有量少，在时间和空间上分布不均匀，使得我国的水源地资源性和季节性缺水特征明显。并且，随着社会经济的飞速发展，工业废水、农业面源污染等致使很多水源地都受到了不同程度的污染，继而水质变差、水体富营养化、水生生态退化，严重威胁着我国的用水安全，加剧了我国水资源不足的状况。我国的地表水源地以河流、湖泊和水库等为主，全国70%以上的河流、湖泊均遭受了不同程度的污染。在我国七大水系中，已不适合作饮用水源的河段接近40%；城市水域中78%的河段不适合作饮用水水源。不仅地表水源受到污染，我国的浅层地下水也受到了不同程度的污染。随着对生态环境的不断重视，我国开展了“碧水保卫战”，对部分水源地存在的生态环境问题进行整治，水源地水质变差、生态恶化的趋势得到了一定的遏制，但距离健康、安全的水源地仍有很长的一段路要走。

1.4.1 水源地水量状况

1.4.1.1 水资源量

我国地表水资源分布呈现南多北少、东多西少的特征，差异显著。水利部发布的2019年度《中国水资源公报》显示，截至2019年末，全国地表水资源量为27 993.3亿立方米，比2018年的26 323.2亿立方米增加6.34%。其中，南方4区[①]地表水资源量为23 280.3亿立方米，占全国地表水资源量的83.16%；北方6区[②]地表水资源量为4 713.0亿立方米，占比为16.84%。我国地下水量两极分化明显，北方总量呈现降低趋势，南方则呈现上升趋势，2019

① 南方4区：长江区（含太湖流域）、东南诸河区、珠江区、西南诸河区。
② 北方6区：松花江区、辽河区、海河区、黄河区、淮河区、西北诸河区。

年我国地下水资源量为 8 191.5 亿立方米，南方 4 区地下水资源量为 5 627.8 亿立方米，北方 6 区地下水资源量为 2 563.7 亿立方米；我国地下水与地表水资源不重复量为 1 047.7 亿立方米，占地下水资源量的 12.8%，也就是说，地下水资源量的 87.2%与地表水资源量重复，其中南方 4 区地下水与地表水资源不重复量为 149.9 亿立方米，北方 6 区地下水与地表水资源不重复量为 897.8 亿立方米（彭鹏，2020）。2010—2019 年中国水资源总量变化见图 1.1。

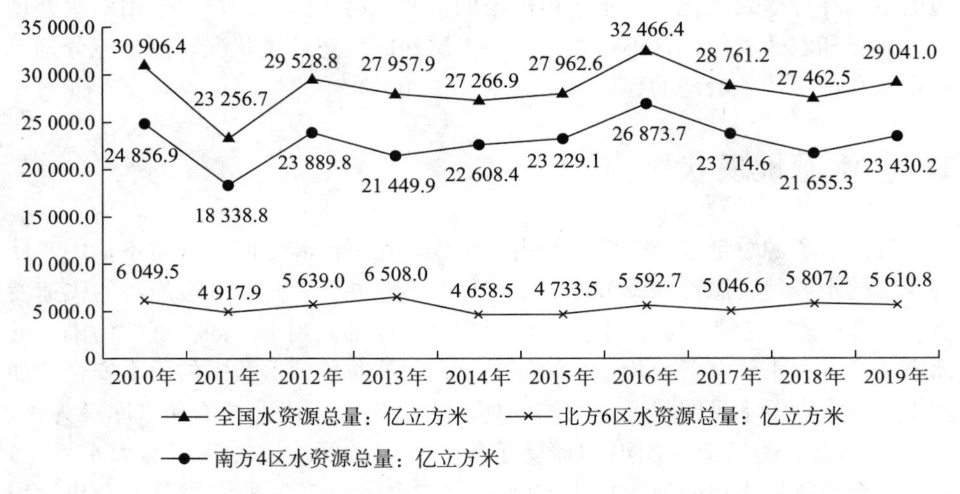

图 1.1　2010—2019 年中国水资源总量变化

资料来源：水利部《中国水资源公报》。

1.4.1.2　水资源供应情况

我国城镇中，由于水量不足、保证率不高导致的饮用水不安全的水源地 1 233 个，占总数的 27%，涉及人口约 4 900 万人。其中，部分原因是水源地上游国民经济发展用水量增加等导致来水减少，以及设施老化、进水口淤积和地下水超采导致工程供水能力不足，从而造成水源地供给水量不足。近年来，北方地区持续干旱，华北、西北等地区缺水程度更加严重，一些城市出现了水荒。预测到 2050 年我国的城镇化率将从现在的 40%提高到 70%以上，按此推算每年将有 1 000 万以上的农村人口转化为城市人口，现有的水源地已经不能满足城市饮用水量要求。

根据水利部 2010—2019 年《中国水资源公报》显示（图 1.2），我国供水总量在 2013 年达到峰值 6 183.4 亿立方米，之后总体呈现下降态势。2019 年底供水总量为 6 021.2 亿立方米，较 2018 年增加 5.7 亿立方米，占水资源总量的 20.7%。其中，地表水资源供水量为 4 982.5 亿立方米，占供水总量的 82.75%；地下水资源供水量为 934.2 亿立方米，占供水总量的 15.51%，较 2018 年减少

42.2 亿立方米；其他水源供水量为 104.5 亿立方米，占供水总量的 1.74%。

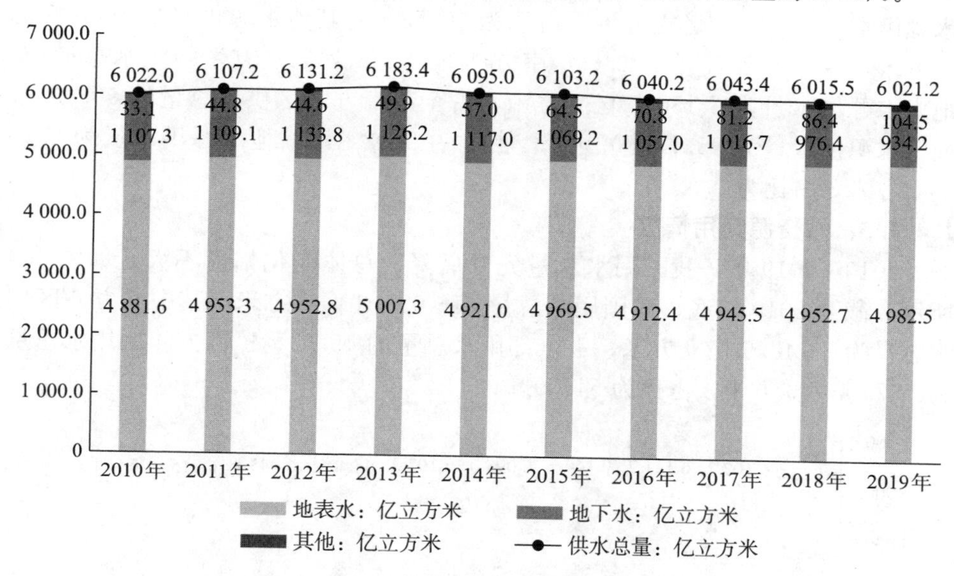

图 1.2　2010—2019 年中国供水量统计

资料来源：水利部《中国水资源公报》。

按水资源一级区供水量来看（图 1.3），南方 4 区和北方 6 区供水量变动不大。截至 2019 年底，北方 6 区供水量为 2 746.5 亿立方米，南方 4 区供水量为 3 274.7 亿立方米。2019 年北方 6 区 2 746.5 亿立方米的供水总量中，地表

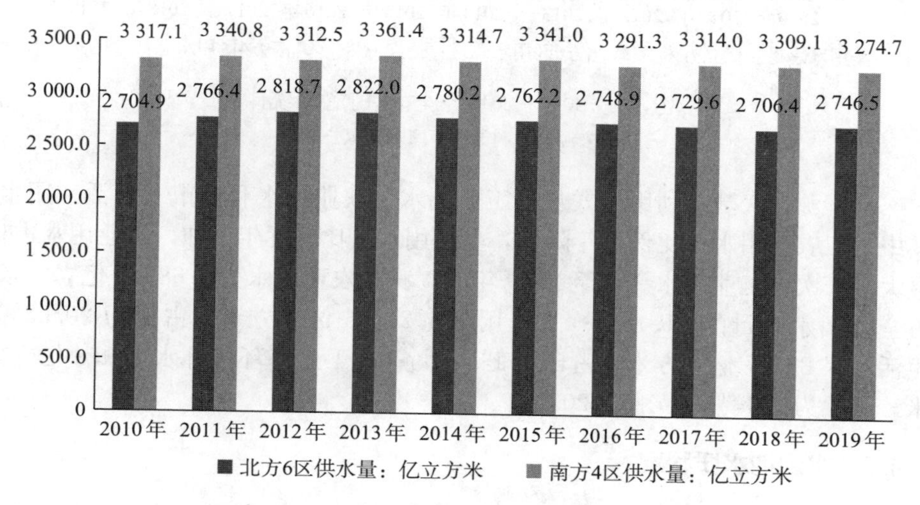

图 1.3　2010—2019 年中国分区域供水总量

资料来源：水利部《中国水资源公报》。

水源供水量为 1 832.5 亿立方米，占全部北方 6 区供水总量的 66.72%；地下水源供水量为 838.5 亿立方米，占比为 30.53%；其他水源供水量为 75.5 亿立方米，占比为 2.75%。2019 年南方 4 区 3 274.7 亿立方米的供水总量中，地表水源供水量为 3 150.0 亿立方米，占全部南方 4 区供水总量的 96.19%；地下水源供水量为 95.7 亿立方米，占比为 2.92%；其他水源供水量为 29.0 亿立方米，占比为 0.89%。

1.4.1.3 水资源利用情况

2010—2019 年，我国用水总量先升后降，总体变化幅度不大，如图 1.4 所示。截至 2019 年底，我国用水总量为 6 021.2 亿立方米，其中北方 6 区用水总量为 2 746.5 亿立方米，占全部用水总量的 45.61%；南方 4 区用水总量为3 274.7亿立方米，占比为 54.39%。

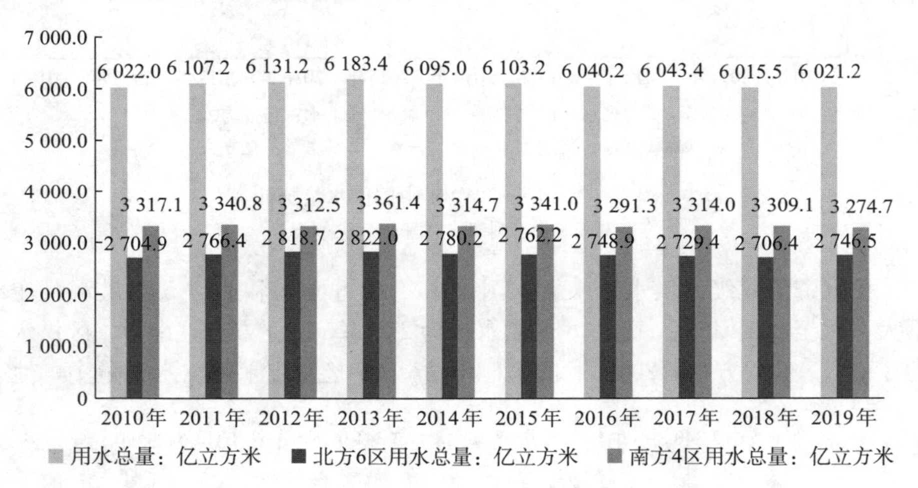

图 1.4 2010—2019 年全国用水总量统计

资料来源：水利部《中国水资源公报》。

水资源三大基本利用方式包括工业用水、农业用水和城市（生活）用水。其中，工农业用水量比例逐年降低，生活用水量比例逐年增加，农业用水占比最大，其次是工业用水。截至 2019 年底，我国农业用水为 3 682.3 亿立方米，占全国用水总量的 61.16%；工业用水 1 217.6 亿立方米，占比为 20.22%；生活用水 871.7 亿立方米，占比为 14.48%；人工生态环境补水 249.6 亿立方米，占比为 4.14%（彭鹏，2020）。

1.4.2 水源地水质状况

1.4.2.1 全国地表水水质状况

2019 年，全国地表水监测的 1 931 个水质断面（点位）中，Ⅰ～Ⅲ类水质断面（点位）占 74.9%，劣Ⅴ类占 3.4%，主要污染指标为 COD、总磷和高锰酸盐指数。

1.4.2.2 全国地下水水质状况

2019 年，全国 10 168 个国家级地下水水质监测点中，Ⅰ～Ⅲ类水质监测点占 14.4%，Ⅳ类占 66.8%，Ⅴ类占 18.8%。全国 2 830 处浅层地下水水质监测井中，Ⅰ～Ⅲ类水质监测井占 23.7%，Ⅳ类占 30.0%，Ⅴ类占 46.3%。超标指标为锰、总硬度、碘化物、溶解性总固体、铁、氟化物、氨氮、钠、硫酸盐和氯化物。

1.4.2.3 河流水质状况

2019 年，长江、黄河、珠江、松花江、淮河、海河、辽河七大流域和浙闽片河流、西北诸河、西南诸河监测的 1 610 个水质断面中，Ⅰ～Ⅲ类水质断面占 79.1%，比 2018 年上升 4.8 个百分点；劣Ⅴ类占 3.0%，比 2018 年下降 3.9 个百分点。主要污染指标为 COD、高锰酸盐指数和氨氮。西北诸河、浙闽片河流、西南诸河和长江流域水质为优，珠江流域水质良好，黄河流域、松花江流域、淮河流域、辽河流域和海河流域为轻度污染。

①长江流域水质为优。监测的 509 个水质断面中，Ⅰ～Ⅲ类水质断面占 91.7%，比 2018 年上升 4.2 个百分点；劣Ⅴ类占 0.6%，比 2018 年下降 1.2 个百分点。其中，干流和主要支流水质均为优。

②黄河流域轻度污染，主要污染指标为氨氮、COD 和总磷。监测的 137 个水质断面中，Ⅰ～Ⅲ类水质断面占 73.0%，比 2018 年上升 6.6 个百分点；劣Ⅴ类占 8.8%，比 2018 年下降 3.6 个百分点。其中，干流水质为优，主要支流为轻度污染。

③珠江流域水质良好。监测的 165 个水质断面中，Ⅰ～Ⅲ类水质断面占 86.1%，比 2018 年上升 1.3 个百分点；劣Ⅴ类占 3.0%，比 2018 年下降 2.5 个百分点。其中，海南岛内河流水质为优，干流和主要支流水质良好。

④松花江流域轻度污染，主要污染指标为 COD、高锰酸盐指数和氨氮。监测的 107 个水质断面中，Ⅰ～Ⅲ类水质断面占 66.4%，比 2018 年上升 8.5 个百分点；劣Ⅴ类占 2.8%，比 2018 年下降 9.3 个百分点。其中，干流、图们江水系和绥芬河水质良好，主要支流、黑龙江水系和乌苏里江水系为轻度污染。

⑤淮河流域轻度污染，主要污染指标为 COD、高锰酸盐指数和氟化物。监测的 179 个水质断面中，Ⅰ～Ⅲ类水质断面占 63.7%，比 2018 年上升 6.5 个百分点；劣Ⅴ类占 0.6%，比 2018 年下降 2.2 个百分点。其中，干流水质为优，沂沭泗水系水质良好，主要支流和山东半岛独流入海河流为轻度污染。

⑥海河流域轻度污染，主要污染指标为 COD、高锰酸盐指数和五日生化

需氧量（BOD_5）。监测的160个水质断面中，Ⅰ～Ⅲ类水质断面占51.9%，比2018年上升5.6个百分点；劣Ⅴ类占7.5%，比2018年下降12.5个百分点。其中，干流2个断面，三岔口为Ⅱ类水质，海河大闸为Ⅴ类水质；滦河水系水质为优，主要支流、徒骇马颊河水系和冀东沿海诸河水系为轻度污染。

⑦辽河流域轻度污染，主要污染指标为COD、高锰酸盐指数和BOD_5。监测的103个水质断面中，Ⅰ～Ⅲ类水质断面占56.3%，比2018年上升7.3个百分点；劣Ⅴ类占8.7%，比2018年下降13.4个百分点。其中，鸭绿江水系水质为优，干流、大辽河水系和大凌河水系为轻度污染，主要支流为中度污染。

⑧浙闽片河流水质为优。监测的125个水质断面中，Ⅰ～Ⅲ类水质断面占95.2%，比2018年上升6.4个百分点；劣Ⅴ类占0.8%，比2018年上升0.8个百分点。

⑨西北诸河水质为优。监测的62个水质断面中，Ⅰ～Ⅲ类水质断面占96.8%，无劣Ⅴ类，均与2018年持平。

⑩西南诸河水质为优。监测的63个水质断面中，Ⅰ～Ⅲ类水质断面占93.7%，比2018年下降1.5个百分点；劣Ⅴ类占3.2%，比2018年下降1.6个百分点。

1.4.2.4 湖泊（水库）水质状况

2019年，开展水质监测的110个重要湖泊（水库）中，Ⅰ～Ⅲ类湖泊（水库）占69.1%，比2018年上升2.4个百分点；劣Ⅴ类占7.3%，比2018年下降0.8个百分点。主要污染指标为总磷、COD和高锰酸盐指数。开展营养状态监测的107个重要湖泊（水库）中，贫营养状态湖泊（水库）占9.3%，中营养状态占62.6%，轻度富营养状态占22.4%，中度富营养状态占5.6%。2019年重要湖泊（水库）水质见表1.2。

表1.2　2019年重要湖泊（水库）水质

水质类别	三湖	重要湖泊	重要水库
Ⅰ类、Ⅱ类	—	红枫湖、香山湖、高唐湖、万峰湖、花亭湖、班公错、邛海、柘林湖、抚仙湖、泸沽湖	太平湖、新丰江水库、长潭水库、东江水库、隔河岩水库、湖南镇水库、董铺水库、鸭子荡水库、大伙房水库、瀛湖、南湾水库、密云水库、红崖山水库、高州水库、大广坝水库、里石门水库、大隆水库、水丰湖、铜山源水库、龙岩滩水库、丹江口水库、党河水库、怀柔水库、解放村水库、千岛湖、双塔水库、松涛水库、漳河水库、黄龙滩水库

（续）

水质类别	三湖	重要湖泊	重要水库
Ⅲ类	—	斧头湖、衡水湖、莱子湖、骆马湖、东钱湖、梁子湖、西湖、武昌湖、升金湖、东平湖、南四湖、镜泊湖、黄大湖、百花湖、乌梁素海、阳宗海、洱海、赛里木湖、色林错	于桥水库、鹤地水库、峡山水库、察尔森水库、三门峡水库、云蒙湖、玉滩水库、崂山水库、磨盘山水库、鲁班水库、尔王庄水库、山美水库、王瑶水库、白龟山水库、小浪底水库、白莲河水库、鲇鱼山水库、富水水库
Ⅳ类	太湖、巢湖、滇池	洪湖、龙感湖、阳澄湖、白洋淀、仙女湖、洪泽湖、白马湖、南漪湖、沙湖、小兴凯湖、焦岗湖、鄱阳湖、瓦埠湖、洞庭湖、博斯腾湖	莲花水库、松花湖、昭平台水库
Ⅴ类	—	异龙湖、淀山湖、高邮湖、大通湖、兴凯湖	—
劣Ⅴ类	—	艾比湖、杞麓湖、呼伦湖、星云湖、程海、乌伦古湖、纳木错、羊卓雍错	—

资料来源：《2019中国生态环境状况公报》。

注：艾比湖、乌伦古湖和纳木错氟化物天然背景值较高，羊卓雍错pH天然背景值较高，程海pH、氟化物天然背景值较高，呼伦湖COD_{Cr}、氟化物天然背景值较高。

1.4.3 水源地生态状况

水源地依据所处位置，可以划分为地下水源地和地表水源地。由于需水量大、供水量不足，地下水长期处于超采状态，造成地下水位下降严重，形成漏斗，出现地面沉降现象。国家主管部门积极采取相关措施，严格限制地下水超采。地表水源地主要包括河流、湖泊、水库等，由于其处于地表，在剧烈的人类活动干扰下，水源地及其周边的生态环境受到严重影响，出现如水域面积萎缩、水体污染负荷加大、水生物种种群数量锐减等生态环境问题。

1.4.3.1 湿地面积状况

广义的湿地包括河流、湖泊、沼泽、人工湿地等，是地表水源地的重要组成部分。湿地在调节区域气候、净化水体污染、维持生物多样性以及促进地区生态平衡方面发挥着重要作用，具有“地球之肾”“基因库”等美誉（李柯等，2011）。我国的淡水资源主要分布在河流湿地、湖泊湿地、沼泽湿地和库塘湿地之中，湿地维持着约2.7万亿吨淡水，保存了全国96%的可利用淡水资源，对淡水安全起着重要的保障作用。据国家林业局发布的《第二次全国湿地资源调查结果（2009—2013年）》，全国的湿地总面积有5 360.26万公顷，湿地面积占国土面积的比率为5.58%。其中，自然湿地面积4 667.47万公顷，占全国湿地总面积的87.08%。根据《湿地公约》定义，调查将湿地分为沼泽湿地、河流湿地、湖泊湿地、近海与海岸湿地、人工湿地。从分布情况看，青海、西藏、内蒙古、黑龙江4省份湿地面积均超过500万公顷，约占全国湿地总面积的50%。我国现有577个自然保护区和468个湿地公园，受保护湿地面积2 324.32万公顷。

1.4.3.2 生物多样性状况

水源地生态系统在保护生物多样性方面发挥着不可估量的价值。据第二次全国湿地资源调查结果显示，我国湿地有湿地植物4 220种、湿地植被483个群系，脊椎动物2 312种，隶属于5纲51目266科，其中湿地鸟类231种，是名副其实的物种基因库。水源地的水生生态系统能有效地净化污染物，每公顷湿地每年可去除1 000多千克氮和130多千克磷，为降解富营养物质、防止水体的富营养化发挥着巨大的生态功能。但水源地的净化能力是有限的，一旦排放的工业、农业、生活等污染物超过水体的环境容量，便会造成水体污染、水质恶化，修复起来十分困难。同时，水源地附近的生态系统能起到固碳作用，对于区域和全球气候的调节发挥着重要作用。

1.5 水源地水资源环境问题

1.5.1 区域性、季节性水量短缺

我国的水资源分布很不均匀，很多地区的水源地存在着区域性、季节性缺水问题。从空间分布来看，我国的水资源分布南方多北方少、东部多西部少。由于我国大部分地区处于雨热同期的季风气候，从时间分布来看，我国的水资源夏季多冬季少。区域性、季节性水资源量不足成为影响水源地安全的一大限制因子。我国北方人口密度大，耕地数量多，水资源量却很少，水资源成为制约北方发展的重要因素。即便是水资源丰富的南方地区，由于时间尺度上的降水不均衡，也会发生季节性缺水；而在降雨充沛的夏季时节，又容易出现洪涝灾害。水资源的问题与水资源的时空分布不均衡，尤其是与水土资源不相匹配有密切关系。全国10个流域可合并划分为南方、北方及西北3个明显不同类型区。

（1）南方片，包括长江、珠江、华东华南沿海、西南诸河4个流域，属于人多、地少，经济发达，水资源相对丰富地区。

（2）北方片，包括长江以北的松、辽、黄、淮、海5个流域，属于人多、

地多，经济相当发达，而水资源严重短缺地区。

（3）西北片，除额尔齐斯河外都属于内陆河流域，土地面积337万平方千米，约占全国的35%，属于地广人稀、气候干旱、生态环境脆弱地区。该地区人均水资源不算少，耕地资源也十分丰富，但水土资源的开发利用受到生态环境的严重制约。

1.5.2 水体污染严重

随着经济活动的迅速发展，大量的工业、农业、生活污染物被排放进入水体。水体具有一定的自净能力，但当排放的污染物超出水体的自净范围时，会造成水源地水质下降、水体污染严重，给水源地安全造成了巨大威胁，给人们的饮水安全带来了隐患（侯俊等，2009）。工业废水的不达标排放、农业面源污染、生活污水是造成水源地水体污染严重的主要原因（申晓云等，2014）。目前大部分江河湖泊都出现了不同程度的水体富营养化和污染问题。我国人口众多，人均淡水资源量短缺，水源地存在的水体污染状况加剧了严峻的水资源短缺形势。依据污染物的性质，水源地水体中的污染物可以划分为无机污染物、有机污染物、病原微生物等。无机污染物主要包括镉、砷、铅、铜等重金属元素及其氧化物、酸、碱、盐类等，重金属元素进入人体后能进行富集，会对人体健康造成严重危害；有机污染物如氯仿、二氯甲烷、苯、邻苯二甲酸二丁酯等，能够对人体健康造成严重威胁（白璐等，2012）。对我国水源地中的污染物分析表明，河流型水源地的主要污染指标有COD、BOD、大肠杆菌和氨氮等；湖泊水库型水源地的主要污染指标有COD、总磷和总氮等；地下水源地的污染指标主要有水体硬度、铁、锰、硫酸盐、硝酸盐和氟化物等（郑丙辉等，2007）。

1.5.3 水生生态系统退化

水源地及其周边共同组成一个生态系统，而随着人为活动的干扰，生态水量的不足和水体污染的加剧，多处水源地生态系统出现不同程度的退化，具体表现为湿地生态系统面积萎缩、生态功能下降、生物多样性减少。

据我国第二次湿地资源调查结果显示，与第一次调查相比，我国的湿地面积减少了339.63万公顷，减少率为8.82%；自然湿地面积减少了337.62万公顷，减少率为9.33%。调查结果显示，我国的湿地面临着面积减少、功能减退、受威胁压力持续增大等问题，缺乏保护长效机制的建立。我国水源地面积萎缩较为严重的是长江中下游和东北三江平原地区，拥有千湖之城的湖北省，湖泊由以前的约1 000个减少到200余个；而东北三江平原地区的湿地面积只剩下91万公顷；长江中下游的通江湖泊由过去的102个只剩下洞庭湖和鄱阳湖。这反映了我国的陆地水源地生态系统存在着很大的退化现象，湿地面积的不断萎缩不仅导致水量的锐减，伴随而来的还有湿地生态系统服务功能的退化。水源地生态系统里有各种水生动物、濒危鸟类和植物，是多种野生动植物的栖息繁殖地，在生物多样性保护方面具有重要的作用。然而，随着水源地生态系统的退化，栖息地面积萎缩，环境污染加剧，野生动植物的生存环境受到严重威胁，多种鱼类、鸟类和植物面临灭绝的风险，造成水源地生态系统的生物多样性减少，给生态平衡造成了不可逆转的损失。

1.6 水源地水环境污染的来源及特点

1.6.1 工业污染

工业污染在水库水源污染中占据较大比例。工业污染主要来自工业废水，其排放量大，污染物种类多、浓度高、组成复杂，毒性强，短时间内造成严重污染，处理困难。这些废水中常含有大量悬浮物、硫化物、重金属等，其有机质在降解时消耗大量溶解氧，易引起水质发黑变臭（陈永焦，2010）。部分地区的集中式饮用水水源地上游仍存在着典型的污染企业及高风险污染行业，如钢铁、化工、制革、造纸、纺织、印染、食品加工等工业部门，这些部门在生产过程中常排出大量废水。此外，水源地上游或沿岸企业污水处理管网不配套，饮用水水源一级、二级保护区内还存在违章新增工业排污口、工业废水不达标排放等。不少地方不但原有排河口的排污量有增无减，还不断地在饮用水源上游新增排污口，特别是一些中小城市，大量未经审批的项目在水源保护区附近建设（郑丙辉等，2007）。中国环境科学研究院调查表明，全国 31 个省份中，只有西藏自治区和新疆维吾尔自治区地表饮用水水源保护区不存在上游来水超标的问题，其余地区上游来水水质均存在不达标情况，成为饮用水水源地污染的重要原因。调查发现，湖北省 23 个水源地保护区存在违章建筑。宁夏回族自治区城市集中生活饮用水水源地二级保护区内发现有企业 73 家，年排放 COD 28 390 吨、氨氮 1 023 吨。浙江省 526 个水源地中有 25 个水源保护区内存在工业企业，共涉及 85 家，主要分布于二级保护区范围内；有 13 个水源地保护区范围内存在排污口，共涉及 29 个，主要分布于二级保护区内；13 个水源地保护区范围内存在加油站，共涉及 20 家（李华明等，2015）。

工业污染具有如下特点：

（1）排放量大，污染范围广，排放方式多样。工业生产用水量大，大部分生产用水中都携带原料、中间产物、副产物及终产物等；工业企业遍布全国各地，污染范围广，不少产品在使用中又会产生新的污染；工业废水的排放方式复杂，有间歇排放、连续排放、有规律排放和无规律排放等，给污染的防治造成很大困难。

（2）污染物种类繁多，浓度波动幅度大。工业产品品种繁多，生产工艺各不相同。因此，工业生产过程中排出的污染物种类数不胜数，不同污染物性质又有很大差异，浓度也相差甚远。

（3）污染物质毒性强，危害大。被酸碱类污染的废水有刺激性、腐蚀性，而有机含氧化合物如醛、酮、醚等则有还原性，能消耗水中的溶解氧，使水缺氧而导致水生生物死亡。工业废水中含有大量的氮、磷、钾等营养物，可促使藻类大量生长耗去水中溶解氧，造成水体富营养化污染。工业废水中悬浮物含量很高，可达3 000毫克/升，为生活废水的10倍。

（4）污染物排放后迁移变化规律差异大。工业废水中所含各种污染物的性质差别很大，有些还有较强的毒性、较大的蓄积性及较高的稳定性。一旦排放，迁移变化规律很不相同，有的沉积水底，有的挥发转入大气，有的富集于生物体内，有的则分解转化为其他物质，甚至造成二次污染，使污染物具有更大的危险性。

（5）恢复比较困难。水体一旦受到污染，即使减少或停止污染物的排放，要恢复到原来状态仍需要相当长的时间。

随着我国对水资源保护的重视，开展了很多水源地保护区整治工作，大量的污染企业被取缔或关停整治，传统的工业废水污染得到了有效的控制。

1.6.2 农村面源污染

我国集中饮用水水源地多位于城郊或农村，水源地周边的农业种植、畜禽养殖、水产养殖以及生活垃圾和污水等都是导致水环境污染的潜在污染源。农村面源污染问题依旧广泛存在且难于处理。农村面源污染是指农业生产和农村生活中溶解的或固体的污染物，如氮、磷、重金属、农药、畜禽粪便、生活垃圾等有机或无机物，在降水和地表径流的冲刷下，通过农田地表径流、农田排水和地下渗漏，使大量污染物进入受纳水体所引起的污染（杨林章等，2013）。农村面源污染直接关系到城市饮水安全，农业和农村发展引起的饮用水水源地污染也将成为我国可持续发展的重大挑战。

黄浦江是上海市主要的饮用水来源，黄浦江水源保护区农田、畜禽养殖和水产养殖各主要污染源对总氮的贡献率分别为38.95%、24.56%、15.26%，对总磷的贡献率分别为17.50%、54.49%、10.43%。合肥董铺水库和大房郢水库因农业和径流污染等面源污染途径进入的COD分别达998.4吨/年、858.5吨/年。浙江省绍兴市饮用水源（汤浦水库）由于上游化肥、农药、垃圾等污染，使水库水体总氮、总磷偏高，其中总氮达1.73～2.05毫克/升，总磷为0.02～0.03毫克/升。重庆水库型饮用水水源地多位于山区，污染源主要为农村生活污水、分散式畜禽养殖、农田径流，其中农田径流的污染负荷最大。吉林省敦化市小石河水库生活饮用水水源保护区绝大部分厕所没有封闭和采取防渗措施，生活垃圾、粪便和生活废水中的污染物随降水形成的地表径流进入水库，对水源造成直接危害。山东省莱芜市乔店水库和杨家横水库周边地区受到来自乡镇地表径流、化肥和农药使用、农村生活污水及固体废弃物、水土流失和分散式禽畜养殖等不同形式的面源污染（申晓云等，2014）。

1.6.2.1 农业生产污染

我国是农业大国，有限的耕地上承载着巨大的粮食安全压力，为提高粮食产量而大量施用化肥和农药，化肥和农药的产量与使用量都居于世界前列。《中国环境统计年鉴（2019）》数据显示，2018 年全国农业化肥使用量达到 5 653.4万吨，农药使用量达到 150.36 万吨。据联合国粮农组织的数据显示，2002—2016 年我国每公顷耕地的化肥消费量始终位居第一，约为世界平均水平的 3.59 倍，具体数据详见表 1.3。然而，农用化学品的利用率却很低。据统计，我国化肥有效利用率仅为 30%左右，农药的吸收率仅为 30%～40%，残留在农田环境中的化肥与农药在降水冲刷、地表径流等途径下，随着农田排水沟渠逐级汇流至水库水体，导致水体内氮、磷营养元素增加，水体富营养化，并且农药中的持久性有机污染物在水体中积累，严重威胁饮用水水源地安全。

表 1.3 每公顷耕地的化肥消费量

单位：千克/公顷

国家或地区	2002 年	2010 年	2016 年
世界	107	130	140
中国	377	515	503
欧盟	197	156	166
德国	220	211	197
法国	211	150	163
英国	309	250	252
美国	112	117	138
巴西	120	156	186
印度尼西亚	123	181	231
印度	100	179	165
日本	333	259	242
韩国	412	336	380

畜禽养殖粪污污染是农业面源污染的主要来源之一。据报道，荷兰每年粪便总产出量为 9.5×10^7 吨，比利时每年粪便总产出量为 4.1×10^7 吨，法国的布列塔尼省集中了全国集约化畜牧业的40%，该省2005年6个地区饮用水超标、21个地区接近超标，美国畜禽养殖场产生的废弃物是人类生活废弃物的130多倍。在中国，2015年全口径统计测算全国生猪、奶牛、肉牛、家禽和羊的粪污产生量为 5.687×10^9 吨，其中新鲜粪便产生量约为 1.019×10^9 吨、尿液约为 8.900×10^8 吨。畜禽粪便堆存量大、环境影响广泛，畜禽粪便利用率低，部分地区畜禽粪尿污染已超过城乡接合带居民生活、农田氮和磷流失等对环境的影响，是造成许多重要水源地水体严重污染的主要原因之一（武淑霞等，2018）。2015年我国各省份畜禽粪尿产生量见图1.5，河南、四川、山东、湖南的畜禽粪尿产生量最大。

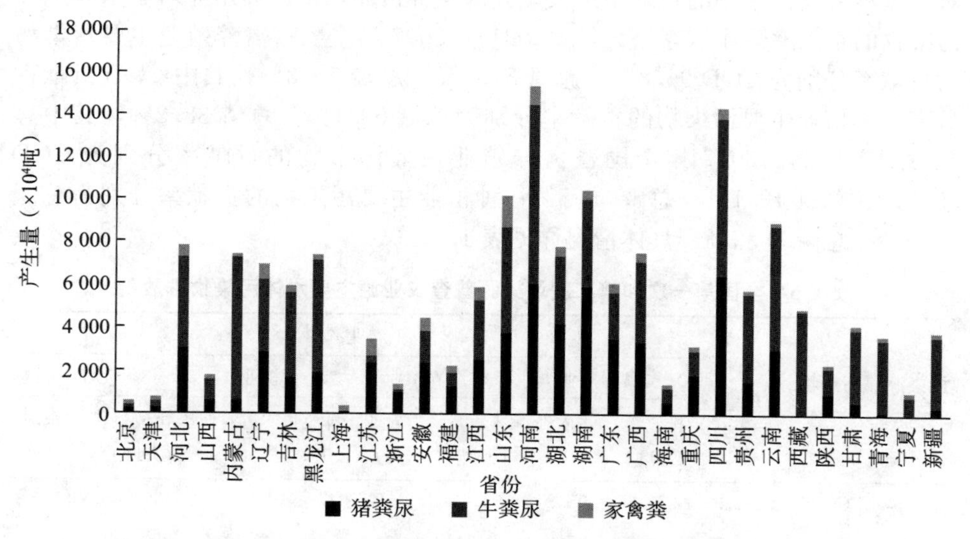

图1.5　2015年我国各省份畜禽粪尿产生量（武淑霞等，2018）

2012年我国水产养殖的总面积为808.84万公顷，养殖总产量达4 288.36万吨，占世界养殖总产量的70%（吴伟等，2014）。2016年我国水产养殖的总面积为834.63万公顷，养殖总产量达5 142.39万吨。水产养殖对自身水体及周边水域环境产生直接污染，包括养殖过程中由生产投入带来的污染、由所养水生物的代谢产物带来的污染以及由养殖活动带来的底部沉积物形成的污染（操建华，2018）。2015年我国水产养殖业COD排放量为53.05万吨，氨氮排放量为2.39万吨，总氮排放量为8.28万吨，总磷排放量为1.54万吨，分别占农业排放量的4.96%、3.29%、1.79%和2.82%。总体来看，水产养殖业污染物排放量绝对值和相对值水平都不高，具体情况见表1.4。

表 1.4　水体中污染物排放量

年份	COD			氨氮			总氮			总磷		
	农业（万吨）	水产（万吨）	比例（%）	农业（万吨）	水产（万吨）	比例（%）	农业（万吨）	水产（万吨）	比例（%）	农业（万吨）	水产（万吨）	比例（%）
2011	1 186.11	55.65	4.69	82.65	2.31	2.79	424.82	8.56	2.01	54.15	1.64	3.03
2012	1 153.80	54.84	4.75	80.62	2.34	2.90	469.78	8.17	1.74	54.88	1.65	3.01
2013	1 125.76	54.00	4.80	77.92	2.31	2.96	463.10	7.87	1.70	54.37	1.51	2.78
2014	1 102.39	53.28	4.83	75.55	2.31	3.06	456.14	8.04	1.76	53.43	1.57	2.94
2015	1 068.58	53.05	4.96	72.61	2.39	3.29	461.33	8.28	1.79	54.68	1.54	2.82

根据全国第一次和第二次污染源普查公布结果，在农业源中，畜禽养殖业对于水体主要污染物的贡献率最大，其次是种植业，水产养殖业对于水体主要污染物的贡献率最小（李裕元等，2021）。2007 年全国畜禽养殖业主要污染物的贡献率分别为 COD 95.8%、总氮 37.9%、总磷 56.3%，其中 COD 贡献率最高；种植业主要污染物的贡献率分别为总氮 59.1%、总磷 38.2%，其中总氮贡献率最高。2017 年全国畜禽养殖业主要污染物的贡献率分别为 COD 93.8%、总氮 42.1%、总磷 56.5%；种植业主要污染物的贡献率分别为总氮 50.9%、总磷 35.9%。具体情况详见表 1.5。

表 1.5　全国第一次和第二次污染源普查农业源主要水体污染物排放量

污染源普查	污染物类型	全国总量（万吨）	农业源							
			畜禽养殖业		水产养殖业		种植业		合计	
			排放量（万吨）	占农业（%）	排放量（万吨）	占农业（%）	排放量（万吨）	占农业（%）	排放量（万吨）	占全国（%）
第一次（2007年）	COD	3 028.96	1 268.26	95.8	55.83	4.2	—	—	1 324.09	43.7
	总氮	472.89	102.48	37.9	8.21	3	159.78	59.1	270.47	57.2
	总磷	42.32	16.04	56.3	1.56	5.5	10.87	38.2	28.47	67.3
第二次（2017年）	COD	2 143.98	1 000.53	93.8	66.6	6.2	—	—	1 067.13	49.8
	总氮	304.14	59.63	42.1	9.91	7	71.95	50.9	141.49	46.5
	总磷	31.54	11.97	56.5	1.61	7.6	7.62	35.9	21.20	67.2

1.6.2.2　农村生活污染

我国农村居民生活污染的主要来源为生活污水的直排和生活垃圾的丢弃。农村生活污水和生活垃圾排放量逐年增加，由于普遍缺乏排水和垃圾清运系统，污水大多不经任何处理直接排放或沉积在村边沟渠和村庄地表，降水时最终被冲刷进入水体（李宗明，2005）。2004 年建设部《村庄人居环境现状与问题》调查报告显示，我国96%的村庄没有排水渠道和污水处理系统。根据农业农村部统计，全国“十三五”末已经有90%的村庄开展了清洁行动，卫生厕所普及率达到60%，生活垃圾收运处置体系覆盖84%的行政村，但是水环境问题依然突出。生产和生活污水随意排放是导致农村河流、池塘等大小水体普遍遭到污染的最直接原因，严重威胁到当地的饮用水安全（李裕元等，2021）。

农村生活污水是指农村居民生活和经营农家乐产生的污水，包括冲厕、炊事、洗衣、洗浴以及家庭圈养畜禽等产生的污水，以单户为一个排放点源、自然村为一个小的排放面源。农村生活污水一般可分为灰水和黑水两部分，灰水是指厨房、洗衣、家庭清洁和洗浴产生的污水以及黑水经化粪池处理后的上清液等低浓度的生活污水；黑水是指人畜（散养）排泄及冲洗粪便产生的高浓度生活污水。我国农村生活污水产生量根据各地经济发展水平和生活习惯有一定的差异。根据全国第一次面源污染普查结果，我国东北及华北地区生活污水产生量为105～145升/(人·天)，东南沿海地区为145～185升/(人·天)，中部地区为140～180升/(人·天)，西南地区为120～150升/(人·天)，西北地区为95～125升/(人·天)，人均产生的主要污染物（COD、氨氮、总氮、总磷）负荷相差不大，具体情况详见表1.6。以浙江省为例，农村数量多，分布广且大部分分布在山区、半山区。平原地区农村主要以使用自来水为主；山区、半山区农村用水一般以自来水、井水和河水三者结合使用，自来水为饮用水源，农村生活污水主要来源于厨房炊事、沐浴、洗涤和厕所冲洗。而近年来随着农村农家乐迅速发展，农家乐产生的生活污水已成为重要的水污染来源。

表1.6 全国第一次面源污染普查生活污水量及主要污染物产排污系数

分区	生活污水量[升/(人·天)]	COD[克/(人·天)]		氨氮[克/(人·天)]		总氮[克/(人·天)]		总磷[克/(人·天)]	
		产生系数	排放系数	产生系数	排放系数	产生系数	排放系数	产生系数	排放系数
一区	105～145	60～77	51～61	7.2～9.5	7～9.2	10.0～13.6	8.8～11.5	0.63～0.95	0.56～0.81
二区	145～185	58～79	49～63	7.4～9.7	7.3～9.4	10.3～13.9	9.1～11.8	0.74～1.16	0.65～0.98
三区	140～180	59～81	50～65	7.2～8.8	7.0～8.6	10.0～12.6	8.8～10.7	0.63～0.91	0.56～0.77
四区	120～150	53～82	45～66	7.5～9.6	7.3～9.3	10.4～13.7	9.2～11.6	0.81～1.26	0.71～1.07
五区	95～125	53～78	45～62	7.3～8.3	7.1～8.0	10.1～11.7	8.9～10.0	0.74～1.05	0.65～0.89

注：结合行政区划，并充分考虑地理环境因素、城市经济水平、气候特点和生活习惯等，将全国（不包括港澳台地区）划分为5个区域：一区为黑龙江、吉林、辽宁、内蒙古、山西、山东、河北、北京和天津；二区为江苏、上海、浙江、福建、广东、广西和海南；三区为河南、湖北、湖南、江西和安徽；四区为重庆、四川、贵州和云南；五区为陕西、宁夏、甘肃、青海、新疆和西藏。

据全国134个村庄生活垃圾情况调研表明，我国农村人均生活垃圾产生量为0.76千克/天，变化范围介于0.15～2.29千克/天。不同地区垃圾产生量差异较大，东部地区农村人均生活垃圾产生量为0.77千克/天，中部地区农村人均生活垃圾产生量为0.98千克/天，西部地区农村人均生活垃圾产生量为0.51千克/天；南方地区农村人均生活垃圾产生量为0.66千克/天，北方地区农村人均生活垃圾产生量为1.01千克/天（岳波等，2014）。农村生活垃圾中的固体废弃物可随地表径流或随风迁徙将有毒有害物质带入水体，固体废弃物产生的渗滤液可进入土壤污染地下水，或者直接进入河流、湖泊，污染饮用水源（谢冬明等，2009）。太湖流域农村人均生活垃圾产生量为0.24～0.27千克/天，2/3的生活垃圾直接入河，1/3的生活垃圾在距河道150米以内的路边堆积，垃圾弃置使氮、磷释放总量分别达23 397吨/年、4 679吨/年，径流增加的氮、磷浓度分别为3.3毫克/升、0.7毫克/升，均超过重富营养化的氮、磷浓度限值（刘永德等，2008）。派河流域农村生活垃圾产生量为45 521.92吨/年，流失量为23 136.14吨/年，农村生活垃圾中总氮、总磷、TOC和COD的污染负荷达73.77吨/年、5.05吨/年、514.89吨/年和680.01吨/年（白玉方等，2016）。三峡库区农村生活垃圾人均产生量为0.743千克/天，总氮平均产污系数为0.993克/(人·天)，总磷平均产污系数为0.153克/(人·天)（范先鹏等，2010）。

1.6.2.3 水土流失

水土流失是面源污染发生的重要形式，也是其他非点源污染物流失的载体和造成水体污染的主要途径（孙娟等，2008）。由于过度垦殖和不合理的土地利用方式，在降水径流以及人为活动等外力作用下，累积在土壤表层的颗粒物发生剥离、迁移，产生的泥沙以及化学物质通过沟谷、河流等运移通道，导致土壤侵蚀和氮、磷养分流失（李云成等，2015）。土壤侵蚀是规模最大、危害程度最严重的一种农业面源污染，它在损失土壤表层有机质层的同时，许多营养及其他污染物如重金属、铵离子、磷酸盐以及农药等有毒性物质进入水体。污染物从土壤迁移到水体的途径包括通过地表径流到达受纳水体和通过淋溶到地下水两种方式。传统的顺坡耕种、陡坡耕作、复种等种植效率高，更易加剧土壤侵蚀（杨林章等，2018）。滇池流域内7.7%的氮污染负荷和29.7%的磷污染负荷源自山地水土流失。三峡库区是我国典型的水土流失重灾区，在降雨量集中期（每年4～10月），三峡片区各子流域的农业面源污染负荷强度表现出很强的空间差异性，且农业面源污染负荷的时空分布与年降水量和人类活动呈现明显的正相关。水土流失型面源污染在重庆主要功能区均有分布，占重庆水库型饮用水水源地的44.7%。

农村面源污染具有如下特点：

（1）污染来源的分散性、复杂性以及溯源的困难性。受我国农业生产现状的影响，我国农村面源污染来源于千家万户，来源分散而且复杂，涉及的地域范围广，不仅包括农田径流、农户的生活污水排放和村镇地表径流，还包括农村生活垃圾及固体废弃物、小型畜禽养殖和池塘水产养殖等造成的污染。这就造成了难以在发生之处进行监测、真正的源头难以或无法追踪，治理难度加大。

（2）污染物排放的不确定性和随机性。农村面源污染物的排放受时间、空间的影响较大，排放过程具有明显的不确定性和随机性。同时，农户的施肥行为、生活用水等习惯、畜禽养殖等行为都因人的主观意愿而变，加上大部分农村面源污染的发生受降水事件的驱动，决定了农村面源污染排放源、排放时间以及空间分布的不确定性和随机性。此外，污染物在进入水体之前的沿程迁移路线千差万别，无疑加大了污染负荷估算的难度。

（3）污染物以水为载体，其产流、汇流特征具备较大的空间异质性。农村面源污染实际上是指对水体的污染，各种污染物以水为载体，通过扩散、汇流、分流等过程进入水体。由于农村地域宽广、土地利用方式多样、地形地势复杂，这就造成降水引起的产流、汇流特征受空间地形的影响，具备较大的空间异质性，污染物的排放区和受纳区难以准确辨认，污染高风险区难以辨识。

（4）污染物具有量大和低浓度特征，难治理，成本高，见效慢。不同于点源污染，农村面源污染物一般是 COD、总氮和总磷，排放的大部分污染物在进入水体后浓度相对较低，总氮浓度一般低于 10 毫克/升，总磷浓度一般低于 2 毫克/升。由于浓度低，污染物来源多而分散，造成治理难度加大，传统的脱氮除磷工艺去除效率较低且成本高、见效慢。有效去除低浓度的面源污染物是当前面临的一大难题。

参考文献

安迪，2019. 齐齐哈尔地区农村饮用水源现状及相关保护对策建议 [J]. 黑龙江环境通报，43 (3)：80 - 83.

白璐，李丽，许秋瑾，等，2012. 我国农村饮用水源现状及防护对策 [J]. 安徽农业科学，40 (3)：1694 - 1695、1921.

白玉方，吴克，吴东彪，等，2016. 派河流域农村生活垃圾非点源污染负荷研究 [J]. 生态与农村环境学报，32 (4)：582 - 587.

操建华，2018. 水产养殖业自身污染现状及其治理对策 [J]. 社会科学家 (2)：46 - 50.

陈永焦，2010. 浅谈我国水污染现状及治理对策 [J]. 科技信息 (11)：381 - 382.

范先鹏，董文忠，甘小泽，等，2010. 湖北省三峡库区农村生活垃圾发生特征探讨 [J]. 湖北农业科学，49 (11)：2741 - 2745.

高凤，2020. 饮用水水源地保护法律制度与城镇经济发展研究 [J]. 法制与经济 (2)：

65 - 66.
哈德力别克·马吉提，丁磊，2018. 农村水源地安全研究浅析［J］. 吉林水利（1）：48 - 52.
侯俊，王超，兰林，等，2009. 我国饮用水水源地保护法规体系现状及建议［J］. 水资源保护，25（1）：79 - 82、85.
胡和兵，朱同林，2008. 池州市重点饮用水源地生态安全问题及对策［J］. 池州学院学报，22（3）：87 - 90.
胡尊乐，潘杰，2011. 溧阳市饮用水源地安全评价研究［J］. 江苏水利（3）：44 - 45.
金田，2013. 浅议饮用水源法律保护制度的完善［J］. 学理论（11）：124 - 126.
李华明，俞洁，傅智慧，等，2015. 浙江省农村集中式饮用水水源地环境现状及对策研究［J］. 安徽农业科学，43（13）：190 - 191.
李珂，杨永兴，杨杨，等，2011. 中国高原湿地退化与恢复研究进展［J］. 安徽农业科学，39（11）：6714 - 6716、6719.
李仰斌，张国华，谢崇宝，2007. 我国农村饮用水源现状及相关保护对策建议［J］. 中国农村水利水电（11）：1 - 4、7.
李裕元，李希，孟岑，等，2021. 我国农村水体面源污染问题解析与综合防控技术及实施路径［J］. 农业现代化研究，42（2）：185 - 197.
李云成，杨玲，朱乾德，2015. 重庆市水库型饮用水源地污染源分析与生态修复［J］. 南水北调与水利科技，13（5）：867 - 870、882.
李宗明，2005. 农村饮用水安全问题［J］. 中国发展观察（10）：21 - 23.
刘锦原，2013. 呼和浩特市城区饮用水地下水源保护与管理研究［D］. 呼和浩特：内蒙古大学.
刘永德，何品晶，邵立明，2008. 太湖流域农村生活垃圾面源污染贡献值估算［J］. 农业环境科学学报（4）：1442 - 1445.
马东祝，2006. 沸石-活性炭处理微污染饮用水源水的试验研究［D］. 南京：南京理工大学.
彭鹏，2020. 基于回归分析法对我国水资源现状的分析［J］. 现代交际，523（5）：53 - 54.
申晓云，党晨席，2014. 我国水源地非点源污染现状分析与对策建议［J］. 中国农村水利水电（10）：30 - 32、38.
孙娟，顾霜妹，李强坤，2008. 水土流失与农业非点源污染［J］. 水利科技与经济，14（12）：963 - 965.
王开章，李文文，王丽红，等，2009. 地下水水源地脆弱性及安全评价体系研究［C］. 第四届海峡两岸土壤及地下水污染与整治研讨会.
王丽红，王启田，王开章，2007. 城市地下水饮用水水源地安全评价体系研究［J］. 地下水（6）：99 - 102.
吴伟，范立民，2014. 水产养殖环境的污染及其控制对策［J］. 中国农业科技导报，16（2）：26 - 34.
武淑霞，刘宏斌，黄宏坤，等，2018. 我国畜禽养殖粪污产生量及其资源化分析［J］. 中国工程科学，20（5）：103 - 111.
谢冬明，王科，王绍先，等，2009. 我国农村生活垃圾问题探析［J］. 安徽农业科学，37

(2)：786 - 788.

杨林章，施卫明，薛利红，等，2013. 农村面源污染治理的“4R”理论与工程实践——总体思路与“4R”治理技术 [J]. 农业环境科学学报，32 (1)：1 - 8.

杨林章，吴永红，2018. 农业面源污染防控与水环境保护 [J]. 中国科学院院刊，33 (2)：168 - 176.

余光亚，2008. 杨凌集中供水水源地环境保护规划研究 [D]. 杨凌：西北农林科技大学.

岳波，张志彬，孙英杰，等，2014. 我国农村生活垃圾的产生特征研究 [J]. 环境科学与技术，37 (6)：129 - 134.

张晓，2014. 中国水污染趋势与治理制度 [J]. 中国软科学 (10)：11 - 24.

郑丙辉，付青，刘琰，2007. 中国城市饮用水源地环境问题与对策 [J]. 环境保护 (19)：59 - 61.

郑丙辉，张远，付青，2007. 中国城市饮用水源地环境问题与对策 [J]. 中国建设信息 (水工业市场) (10)：31 - 35.

周军学，2012. 地下水位对汶川地震的响应模式研究 [D]. 天津：南开大学.

朱晓红，远立国，2009. 秦皇岛市地表饮用水源地安全状况评价分析 [J]. 河北科技师范学院学报，23 (1)：57 - 60.

2 水源地保护的制度及标准

2.1 水源地保护的必要性

当今世界大多数国家已经感受到水资源问题带来的前所未有的压力。据估计，目前按照全球人口增长的趋势，2030 年世界将面临可用水预测需求和供应之间 40%的缺口。此外，长期缺水、水文不确定性和极端天气情况（洪水和干旱）被视为全球繁荣与稳定的最大威胁，人类越来越认识到缺水和干旱在加剧贫困和冲突方面的副作用。到 2050 年要支撑全球 90 亿人口，就需要将农业产量提高 60%，并增加 15%的取水量，世界许多地方都会面临水资源短缺的问题。因此，水源地保护制度是人类克服这一挑战的最根本保障。

水源地保护制度最主要作用是保护和改善饮用水水质，防治水污染，保障饮水安全和人体健康。因此，饮用水水源地保护制度就是国家为了保障饮用水水源地可持续利用活动的需要，出台的一系列调整行政主体之间、行政主体与公民之间、公民之间与饮用水水源地安全相关的社会关系的行为准则的总和(袁弘任等，2002)。

就我国而言，保障饮用水安全是我国全面建设小康社会、构建和谐社会的重要内容，是深入贯彻落实科学发展观的重要举措，是促进经济社会可持续发展、保障人民群众身体健康和稳定社会秩序的基本条件。党中央、国务院和社会各界更是对城乡饮用水安全问题寄予了高度重视和广泛关注。2018 年全国生态环境保护大会确立的习近平生态文明思想，为新时代推进生态文明建设、加强生态环境保护、打好污染防治攻坚战提供了方向指引和行动指南。党中央、国务院一直对流域保护工作高度重视，更是把长江、黄河两条母亲河提升到国家重大战略高度。习近平总书记在党的十九大报告中指出："全面加强生态环境保护，打好污染防治攻坚战，提升生态文明，建设美丽中国"。同时强调加快水污染防治，实施流域环境和近岸海域综合治理，加快生态文明建设和生态环境保护制度体系完善，全面有效推进节约资源发展，深入实施大气、水、土壤污染防治行动计划，为未来一段时期水生态环境保护指明方向。"十四五"时期是在 2020 年全面建成小康社会、打好打赢污染防治攻坚战基础上，向 2035 年美丽中国目标迈进的第一个五年，具有不同以往的新形势和新要求。美丽中国对水生态环境的要求不仅是良好的水质状况，而且包含了充足的生态流量和健康的水生态，这意味着需要保护和恢复能持续提供优质生态产品的完整的水生态系统。水源地保护制度的必要性具体体现在以下几个方面：

（1）顺应社会变化，确保可持续发展社会的需要。制度作为标准的一种表现形式，是一个国家经济和社会发展最主要的技术基础之一，对经济、社会发展起着巨大作用，这种作用效果又受到经济体制、社会环境的制约，在不同社会环境下，制度发挥作用范围不同，作用的方式和效果也随之改变（高凤，2020）。自改革开放以来，我国的经济体制由计划经济转向市场经济，市场化的主要内容就是把过去大量由计划方式配置的资源转由市场配置，发挥市场在资源配置中的基础性作用。随着经济制度的不断完善，我国市场化水平较改革开放前已有大幅提升，经济水平取得快速增长。所以，及时适应市场变化、社会发展，建立一个以市场为导向、符合市场经济发展趋势的水源地保护制度，已经成为确保我国社会可持续发展的迫切需要。

（2）促进科技进步和技术创新的需要。科技进步和技术创新是经济和社会发展的动力，也是提升国家竞争力的不竭源泉。只有将我国水源地保护科技成果转化为生产力才能将科技优势转化为竞争优势，进而转化为经济优势。而充分发挥水源地保护制度等一系列标准体系的扩散作用，推动水源地保护、水资源保护科技成果向生产力的转化，则是推出新产品、形成新产业、促进产业结构优化升级的重要手段和措施，提高水源地保护制度体系的水平是实现我国科教兴国战略的必然选择。

（3）实施水源地保护相关规划的需要。近年来，国家发展和改革委员会、水利部等相关部门，陆续开展饮用水水源地安全保障规划、饮用水水源地功能区划等工作；各省份和各流域机构也组织大量人力物力对其辖区内的水源地保护进行规划。中央1号文件中明确了要遵守最严格的水资源管理制度，包括建立用水总量控制制度、建立用水效率控制制度、建立水功能区限制纳污制度（确立水功能区限制纳污红线，从严核定水域纳污容量，严格控制人河湖排污总量）、建立水资源管理责任和考核制度，同时提出要构建水功能区水质达标评价体系，完善监测预警监督管理制度，加强水源地保护，依法划分饮用水水源保护区，强化饮用水水源应急管理，加强水量水质监测能力建设，建立水生态补偿机制等。这些工作的开展需要有配套的技术标准体系支持。所以，迫切需要建设相应的水源地保护制度体系，这会直接关系到顺利实现规划目标和落实各项对策措施。从另一方面说，全国水源地保护规划的全面展开，资金、人力、物力等条件会逐渐齐备，建设水源地保护规范标准制度体系出现了难得机遇。

（4）促进对水源地科学管理的重要手段。诸多实践证明，没有系统科学的管理制度，水源地保护就缺乏相应的科学支撑和技术依托，会出现主观臆断、盲目建设、顾此失彼等各类问题（万晓明，2005）。所以，要在全面分析已有保护制度的基础上，对保护制度进行完善，建立科学系统的水源地保护体系。并且，建设保护制度应适度超前于发展水源地保护管理，起到科学引导和技术保障的作用。

2.2 水源地保护制度

2.2.1 典型国家水源地保护制度

2.2.1.1 美国水源地保护制度

（1）美国水源地法律保护制度。美国是发达国家的典范，也是西方国家中较早进行依法管水、治水的国家之一，美国的水环境保护法律体系也较为完善（王曦，1992）。1948年，美国联邦政府就通过了《水污染控制法》，并在1972年和1977年进行两次修订，1977年完善后改名为《清洁水法》，其中的水源保护法律更为严格，主要包括了对水的开发和利用，对水质的要求也更加规范，这为后期控制污水排放方面的法律指导打下了良好基础。1974年，美国国会制定了《安全饮用水法》，该法以保证饮用水水质、保护地下水源为基本目标，规定从1986年6月9日起，所有国家临时饮用水条例或饮用水修订条例都转变为国家正式饮用水条例，其1996年修正案《水源评价计划》要求各州对公共供水系统进行水源评价计划，认可水源保护。安全饮用水法律制度中主要核心组成部分包括经营者培训、建立供水系统维护基金以及公共信息，这样主要突出以实际行动来保护饮用水安全。

（2）美国分工明确的管理制度。美国是联邦制国家，在水资源管理方面是以州为基础单位，实施水资源归州所有的管理体制，再进一步把州划分为多个水局，对于供水、排水和污水处理等问题进行统一管理，管理的基本规则是由各州根据本州实际所设立的法律，还包括各州之间协议。如果在水资源开发利用问题上产生矛盾，可以找现有联邦政府的特定机构进行协商。若协商失败，就寻求法律的帮助，通过法律的途径进行解决。

在美国，各州的水环境的管理工作由水环境管理委员会负责，工作内容包括对污水、雨水、地表水及地下水的管理。委员会的成员是隶属于政府，在管理过程中所产生的费用一部分来自州环境保护局，另一部分则来自排污所收取的费用。在政府组织设置中，各州水环境委员会是属于国家环境保护局，但是并不归州长管理，州长仅仅负责提名，州会议商议产生的委员会进行管理，并向州会议报告。在管理过程中，地方行政管理作为基础单位，联邦政府与各州政府相互配合的管理。

（3）美国饮用水国家标准制度。美国国家环境保护局通过判断污染物对人类健康的内在威胁和污染物在饮用水中出现的比率，来决定污染物的有害程度，通过划分设立了饮用水质量的标准即一级标准、二级标准，以此来设立严格的国家饮用水标准。《安全饮用水法》规定，主要饮用水最大的污染物水平必须接近现实，在目标情况下，“最大的污染物水平的目标”作为一个科学的参考提供饮用水应该达到的质量标准（董敏，2011）。总体来说，饮用水的最大污染物水平的目标应该满足标准，并且通过多种控制管理方法，最后的结果将不会是产生威胁人类生命健康的现象，并且还会保留足够的安全空间。《安全饮用水法》规定，饮用水水资源的污染物水平必须符合法律规定的标准，其中一级标准是比较严格的标准，一级标准要求饮用水水质必须符合法律的规定；若饮用水水资源出现被污染的情况，并且导致水质不达标，相关负责人就必须采取专业的措施，净化饮用水水质，保证饮用水水质达到规定的标准。二级标准相对一级标准来说灵活得多。二级标准的制定不是强制性的，各个地区可以根据本地区的实际情况，因地制宜，自己决定是否制定二级标准（倪艳芳等，2019）。美国为了保障饮用水的安全，国家环境保护局根据过去的污染事件中总结出来了 90 多种污染物的一级标准和二级标准，制定出来的标准一部分与国家环境保护局所要求的标准相同，一部分高于国家环境保护局的标准。因此，该标准为保证美国饮用水的安全和人民的身体健康方面作出了很大的贡献。

（4）紧急处置制度。紧急处置制度是指如果有污染物出现或者有可能进入公共水系统或者公共水源，并且对人类的健康产生负面影响，然而有关州和地方机关没有及时采取应急措施的情况下，国家环境保护局有权采取其认为有必要的行动来保护人类健康。这些行动包括：①发布为保护人类健康所必要的命令，其中包括命令致害者提供替代水；②提起适当的民事诉讼，其中包括申请法院的限制命令和强制令等法律救济。

2.2.1.2　日本水源地保护制度

《河川法》是日本饮用水水源地保护法律体系中的基本法。由于饮用水资源的特殊性和重要性，日本根据《河川法》又出台了几部控制和预防水质污染的法律法规，如《水质污染防治法》《关于水质污染的环境基准》等，并建立了饮用水源水质标准制度、饮用水源水质监测制度、水源地经济补偿制度和紧急处置。《河川法》相当于统一各项分部门法规的大纲，其立法的基本精神：一是强调对流域水资源进行统一管理，规定全国水资源由一个部门主管，协调多个分管部门，主管部门负责规划，分管部门负责具体的开发利用项目；二是强调了防洪与水资源利用的协调（徐运平，2001）。中央政府的环境省下设水质保护局对饮用水水源地环境进行统一管理，地方在饮用水源污染防治中起着重要作用，同时地方受中央政府的节制和指导。

（1）饮用水水源水质标准制度。1955年，日本首次颁布饮用水水质标准。随着社会经济发展各种问题的出现，此后的几十年进行多次修改。日本对于饮用水的水质问题十分重视，若无法达到水质标准，将会受到较为严格的处罚。根据《水质污染防治法》的规定，设置者和改革者必须提前向都、道、府、县知事呈报，批准前禁止进行，违反呈报者要受到处罚；对于设置或改革计划不完善者，都、道、府、县知事有权命令更改计划；当排水有达不到水质标准的危险时，都、道、府、县知事有权命令改进特定装置，停止排水的权力，违反命令者罚。如果排水不符合排水标准，要对违反者立刻进行处罚（高凤，2020）。经过多年的管控和法律制度的实施，饮用水水源地得到了十分有效的保护。

（2）饮用水水源水质监测制度。对饮用水水源地的水质进行监测是全面保护饮用水水源地安全的必要步骤。日本政府十分重视饮用水水源水质的监测，其通过监测可以更好地掌握饮用水水源的具体情况，能够对已经出现或可能出现的问题及时进行有效的处理。《水质污染防治法》主要体现日本饮用水水源监测制度，其要求必须经常监测公共领域的水质污染，并且要求在水系重点管理区域内的水域内实施水质例行监测。在日本，每年相关负责人都要制定水质监测计划并实施，并且每年都会公布“全国公共水域的水质监测结果”。

（3）饮用水水源应急预警制度。日本为了能及时有效地应对各类危机制定了《紧急状态法》，并且在1988年修正的《水质污染防治法》中对“紧急措施”作出了特殊的规定，即如果辖区内某公用水域的饮用水水质污染状况基于种种原因越来越严重，甚至可能威胁人体健康时，管理该辖区的都、道、府、县知事有权公布相关信息，使民众能够及时采取措施。同时，其可根据总理府命令的规定有权要求相关公共水域排放污水的人员在一定期限内减少排放量或者采取其他有效措施来改变污染现状（文伯屏，1983）。

2.2.1.3 德国水源地保护制度

德国对饮用水水源地保护进行得比较早，经过长期的不断探索完善，逐渐形成一套健全的水源地保护制度。20世纪50年代，联邦德国（即西德）当局颁布《水管理法》，对水资源的保护进行了规定，德意志水与气专业协会整理出了针对地下水源的保护区条例来供各个州政府借鉴引用，随后又相继推出针对水库和湖水形式存在的水源地的相关条例，这些条例都被西德各州政府广泛采用。在德国统一后，各州颁布的水法同样采用上述相关条例。

德国《水管理法》明确规定，为了保障公共福利事业以及现有或者将来可能有的公共供水利益，必须建立水源地保护区用来保护水源免受污染（Richard J et al.，2004）。该法规定设立水源保护区能够满足人民健康的需要：为了现有的或将来可能有的公共供水利益要保护水源免遭不利影响；需要增加地下水保护检测力度；预防雨水的有害冲刷以及洪水造成的土地损害，预防肥料或农药进入水域（楠方，2013）。同时，该法还规定在水源保护区采取禁止和限制的措施来保护饮用水源：禁止或限制一定的破坏饮用水水源的行为；土地的所有者和有权利用者有义务积极配合对水域和土地的监察；不应将准备清除的有害物质排入水源，凡物质存放或堆放在水源附近，其搁置方法应做到不污染水源，并对流动的水质不产生有害影响；在水源保护区内禁止破坏性开垦水源的行为（任世丹等，2009）。

德国的相关主管部门在划定保护区的整体区域时尽可能地将取水口所在流域整个区域都划到水源保护区范围内，如果不能达到这个目标，也要将该流域内取水口的上游地区划分到水源保护区内。在整个水源保护区内部，不同地区也有不同的等级划分，一般会划分出2～3个保护区。以上这些措施的目的是能够全面地保护饮用水水源地。水源地保护区一方面要足够多，至少要满足保护水质的基本要求；另一方面还要面积尽量小，以便减少水源保护区对当地经济发展带来的消极影响。也就是说，要在水源保护和经济发展之间寻求某种平衡，这样才能使二者互不影响、和谐发展。

2.2.2 我国水源地保护制度

2.2.2.1 我国水源地保护制度的发展

我国水环境保护制度的发展萌芽于20世纪70年代。20世纪90年代初以来，党中央、国务院对发展水环境保护相关制度高度重视，颁布实施了一系列水环境保护法规、标准，加大了对水环境污染的治理力度，制定了鼓励和扶持水环境保护相关产业发展的政策措施，水环境保护投资力度逐年加大，极大地降低了水环境污染程度，提高了我国水环境治理水平。国家加大了水环境保护基础设施的建设投资，有力地拉动了水环境保护相关产业的市场需求，为防治水环境污染、发展水污染技术、改善生态环境、维护社会可持续发展，发挥了重要作用，水环境保护相关工作已成为环境保护的重要组成部分。而水源地保护制度一直是我国水源地法律制度的重要部分，饮用水水源地保护涉及经济、法律等许多方面。从我国水源地保护制度发展过程看，随着我国对水源地保护工作重视程度的提高，水源地保护制度在发展过程中不断得到完善，总结其发展过程，我国水环境保护大致可以分为5个阶段：

第一阶段：从20世纪70年代初到党的十一届三中全会。1973年8月，国务院召开第一次全国环境保护会议，提出了“全面规划、合理布局，综合利用、化害为利，依靠群众、大家动手，保护环境、造福人民”的32字环保工作方针，我国水环境保护工作由此也拉开了序幕。

第二阶段：从党的十一届三中全会到1992年。这一时期，我国水环境保护工作逐渐步入正轨。以1979年颁布试行、1989年正式实施的《环境保护法》为代表的环境法规体系初步建立，为开展环境治理奠定了法治基础；1984年《水污染防治法》的3个条款分别规定了生活饮用水水源地划定、生活饮用水水源污染应急、在生活饮用水水源地禁建排污口制度；1985年《乌鲁木齐市水源保护区管理条例》，开启了饮用水水源地保护的地方立法，迄今各地已经制定涉及饮用水水源保护制度法规30部；1988年1月21日，第六届全国人民代表大会常务委员会第二十四次会议通过了《水法》，第一次提出水资源管理基本制度，其中包括取水许可管理等10项管理基本制度，由于水资源是很重要的自然资源和环境要素，因此提出并将其加入国家管理的议程上；1989年，国家环境保护局等五部门联合发布了《饮用水水源保护区污染防治管理规定》，适用于全国所有集中式供水的饮用水地表水源和地下水源的污染防治管理。

第三阶段：从1992年到2002年。党中央、国务院发布《中国关于环境与发展问题的十大对策》，把实施可持续发展战略确立为国家战略；1996年，国务院召开第四次全国环境保护会议，发布《关于环境保护若干问题的决定》，大力推进“一控双达标”（控制主要污染物排放总量、工业污染源达标和重点城市的环境质量按功能区达标）工作，全面开展“三河”（淮河、海河、辽河）、“三湖”（太湖、滇池、巢湖）水污染防治，“两控区”（酸雨污染控制区和二氧化硫污染控制区）大气污染防治、“一市”（北京市）、“一海”（渤海）（简称“33211”工程）的污染防治。启动了退耕还林、退耕还草、保护天然林等一系列生态保护重大工程。2002年8月29日，第九届全国人民代表大会常务委员会第二十九次会议通过《水法》的修订，实现依法治水、依法管水的国家要求，实行流域管理与行政区域管理相结合的管理体制，明确赋予流域管理机构执法监督权。

第四阶段：从2002年到2012年。从2002年11月党的十六大召开以来，党中央、国务院提出树立和落实科学发展观、构建社会主义和谐社会、建设资源节约型环境友好型社会、让江河湖泊休养生息、推进环境保护历史性转变、环境保护是重大民生问题、探索环境保护新路等新思想新举措；2002年、2006年和2011年，国务院先后召开第五次、第六次、第七次全国环境保护会议，作出一系列新的重大决策部署。把主要污染物减排作为经济社会发展的约束性指标，完善环境法制和经济政策，强化重点流域区域污染防治，提高环境执法监管能力，积极开展国际环境交流与合作；2008年修订的现行《水污染防治法》空前重视饮用水保护，将“保障饮用水安全”作为立法目的，在第五章“饮用水水源和其他特殊水体保护”对饮用水水源保护制度进行了集中规定；2009年8月27日，第十一届全国人民代表大会常务委员会第十次会议通过《水法》的再次修订，以提高用水效率为核心，以建立节水型社会为目标的水管理新阶段；2011年3月1日开始实行的《水土保持法》第三十六条也对饮用水水源的保护进行了明确规定，要求在饮用水水源保护区内要控制化肥、农药的使用，还要防止水土流失，通过种种手段方法来减少面源污染，以期更好地保护饮用水水源地。

第五阶段：2012年11月党的十八大以来。党的十八大将生态文明建设纳入中国特色社会主义事业总体布局，把生态文明建设放在突出地位，实现中华民族永续发展，走向社会主义生态文明新时代。这是具有里程碑意义的科学论断和战略抉择，标志着中国共产党对中国特色社会主义规律认识的进一步深化，昭示着要从建设生态文明的战略高度来认识和解决我国环境问题；国务院发布了《水污染防治行动计划》，简称“水十条”，是为切实加大水污染防治力度，保障国家水安全而制定的法规；2014年修订的《环境保护法》规定了要注重对水源涵养区的保护，并且归纳了防止水资源短缺的相关内容；2015年，国务院《水污染防治行动计划》提出，“研究制定饮用水水源保护法律法规”；2016年7月2日，第十二届全国人民代表大会常务委员会第二十一次会议通过《水法》修订草案，满足了建立节水型社会的要求，规定了用水总量控制与定额管理相结合制度，分别从农业、工业、生活用水控制制度以及水价的制定机制，建立了节约用水的节约型制度；2018年新修改的《水污染防治法》完善了饮用水水源保护区的划定，划分了一级、二级和准保护区；完善了水资源监测的相关法律规定。

总之，我国不断发展完善的水源地保护制度足以证明保护饮用水水源地对人类健康的重要性。保证饮用水卫生安全，保障饮用水水源地不受破坏，已经成为我国所面对的重大议题。建立以法规为核心的饮用水水源地综合治理和管理体系，宣传普及，鼓励公民参与饮用水水源地保护事务等，具有现实和深远的意义。

2.2.2.2　我国水源地保护制度存在的问题

（1）水源地保护法律法规不完善。我国重视水污染防治工作始于20世纪50年代，主要强调“预防为主”的工作方针。此后，水污染防治立法得到进一步加强。虽然我国现存着许多水环境的法律法规，但还存在着一些问题。各层次的法律法规均体现了水源地保护的重要性和意义，然而由于颁布时间过长、没有形成统一的管理体系等原因，使得水源地保护工作缺乏整体性、系统性和一致性。

《水污染防治法》《水污染防治法实施细则》《饮用水水源保护区污染防治管理规定》《饮用水水源地保护区划分技术规范》等法律和规章对饮用水水源地保护作了规定，为我国饮用水水源地保护奠定了法律基础，成为我国饮用水水源地保护工作实施的基本依据。但是，随着我国经济社会发展和水污染防治工作的不断深入，一些规定内容已不能满足饮用水水源地保护工作的需要，尚需要完善和补充。例如，缺少跨界水源地的管理、水源地污染处罚措施和生态补偿机制等方面的规定等。饮用水水源地环境监测标准体系不健全，由于缺少内分泌干扰物质和持久性有机物污染等对人体健康危害性大的指标，饮用水水源地环境监测评价结果与饮用水的水质实际状况不相符。

虽然大多数省份都出台了与饮用水保护有关的规范性文件，但地方规范性文件的内容大多参考了国家相关法律法规的规定，作为污染防治法规，这些规定相对完善。但水源保护区这一特殊区域的执法措施还不够细化，没有根据水源地的实际情况制定相应的保护措施，针对性不强、可操作性差、执法不严、地方保护主义等诸多原因导致大部分水源地环境保护措施形同虚设（郑丙辉等，2007）。

（2）重地表水管理，轻地下水保护。在地表水方面，工业污染尚未得到完全遏制，面源污染问题又日益加剧，使得我国湖库型水源地富营养化问题日趋严重。由于地表水源地污染和生态退化等问题的可视性，地表水源地更易受到人们的关注和重视。2018 年 4 月，生态环境部批准筹建国家环境保护流域地表水-地下水污染综合防治重点实验室，以地表水-地下水环境污染防治和健康风险控制与优化为目标，从流域治理的角度出发，在“科学-技术-管理”3 个层次实施科技研发，开展地表水、土壤及地下水污染防控与修复的前瞻性、战略性基础理论研究和应用技术研发。

而相比之下，对地下水安全问题的关注和管理却很少。实际上，我国的地下水问题也很严重，在全国 657 个城市中，超过 400 个城市以地下水为饮用水水源，在我国一般的居民区是禁止地下水开采的，由于监管不到位和存在偷采行为，地下水浪费十分严重，尤其是在缺水的北方地区和地表水污染严重的城市。同时在农村，农业灌溉用水也多为地下水，因为地表水不一定能灌溉到指定位置。地下水问题主要有地下水超采而引起的地面下沉和海水入侵，地表水污染通过迁移对地下水造成污染。我国对地下水资源开发、利用、保护方面的规定比较少，各级各地管理部门对地下水资源的管理和保护也缺乏重视。

（3）重视城市饮水安全，轻视农村水源保护。饮用水安全事关国民的身体健康、社会的和谐发展，饮用水安全保障是重大民生工程，历来受到党中央、国务院领导的高度重视。我国的相关法律法规对城市饮用水水源保护区制度、城市供水和节约利用作出了明确的规定，2005 年国务院发布了《关于加强饮用水安全保障工作的通知》，该文件对饮用水安全保障工作进行了全面的部署。2007 年，我国首个全国性城市饮用水安全规划《全国城市饮用水安全保障规划（2006—2020 年）》出台。随后，有关部门出台了《全国城市饮用水卫生安全保障规划》《全国城市饮用水水源地安全保障规划》《全国城镇供水设施改造和建设“十二五”规划及2020年远景目标》《全国城市饮用水水源地环境保护规划》等专项规划，这些工作对我国饮用水安全起到了较好的作用。2013年，国务院发布《关于加强城市基础设施建设的意见》，提出要加快对城镇供水设施的改造与建设，推进供水工作的城乡统筹，重视对饮用水水源地的保护等要求。2017年，经国务院同意颁布的《全国城市市政基础设施建设“十三五”规划》，明确了要构建供水安全保障多级屏障，建立供水全流程安全保障的体系，切实保障城市饮用水的安全。总体来说，目前我国已初步建立起城市饮用水安全法律法规和标准体系，有关部门系统规划了饮用水安全保障涉及的各项工作，城市饮用水状况总体上安全可控。

随着国家对饮用水安全保障工作投入力度的增加、水源地保护的日益受重视以及相关监管制度的逐步完善，我国城市的饮用水安全保障水平将得到有效提升，城镇供水的安全保障能力也将得到进一步加强。但是，对农村饮用水水源尤其是农村的分散式水源未作出专门规定，广大农村地区分散式饮用水水源未得到应有的重视。当前，农村供水普遍缺乏必要的水处理设施、消毒设施和水质检测设备，特别是小规模集中式供水的农村基本无水处理设施，导致农村饮用水安全存在潜在的风险，未来应加强对农村饮用水水源的重视和保护工作。

在农村水源地保护中，饮用水水源地卫生保护不力是一个普遍问题。根据深入调查的结果，确认水源地周边30米范围内污染特别严重，污染源主要有农业面源、农村生活污水、工厂污水、畜禽粪便等，大多数居民对水源地周围的环境污染表现出毫不关心的态度。农村饮用水水源存在卫生防护差的问题：一方面，他们缺乏科学认识，缺乏参与水源保护的意愿和能力；另一方面，反映出相关职能部门的宣传管理工作不力，对饮用水水源地的合理选址和水源卫生保护工作没有认真落实，造成水源地安全管理缺乏必要的制度保障（张李玲等，2019）。

农村地区的水源大多来自地表水，部分来自地下水。居民水污染防治意识较差，虽然大部分农村地区制订了饮用水事故应急预案，但预案内容主要集中在事故发生后的供水方面，而突发性解决方案涉及较少。其次，对水源污染的治理和恢复也缺乏考虑，没有积极组织居民开展饮用水污染应急演练活动，如果发生突发性饮用水水源污染事故，很难尽快解决。此外，没有应急备用水源和有效的应急预案支持体系，水源地应对突发事件和旱年、战备能力不足，一旦发生事故不能立即恢复供水，将导致断水。现有农村水源地处于“谁都在管，又谁都管不好”的状态，监督管理和维护不到位，管理制度缺乏系统性和规范性（宋亮等，2020）。

2.3 水源地及饮用水相关水质标准

2.3.1 典型国家水质标准

2.3.1.1 美国水质标准

（1）美国水质标准体系。水质标准（WQS）是由国家环境保护局批准的州和部落或联邦法律的条款，其中描述了水体的理想状况以及保护或达到该状况的方法。水体可用于娱乐（如游泳、划船）、享受风景和钓鱼等目的，并且是许多水生生物的家。为了保护这些水域的人类健康和水生生物，各州和部落建立了本州和部落的 WQS，其为控制进入美国水域的污染物奠定了法律基础。水质标准包括 3 个核心组成部分，即水体的指定用途、保护指定用途的标准、保护现有用途和高品质水域的反降级要求（席北斗，2011）。水质标准还包括一般政策和水质标准差异等其他组成部分，可以为美国各州和部落根据其水体功能制定合理的水质标准。

指定用途是 WQS 要求各州和部落确定每个水体的使用目标和期望，来保护公共健康或福利，提高水质，并符合《清洁水法》的目的。《清洁水法》允许美国各州和部落依据当地水资源特定特征，指定该水资源的用途。考虑到国家水域用于公共供水、鱼类和野生动物的保护和繁殖、娱乐活动、农业和工业用途以及航行的使用和价值，来制定可取的和应该得到保护的水的各种用途。各州在对国家水域进行分类时必须考虑到这些用途，并可以自由地增加使用分类。根据法案和 WQS 的要求，各州可以自由开发和采用适当本地方的分类系统，但废物运输在任何情况下都是不可接受的用途。

标准的作用是州和部落用来保护水体的指定用途的准则。水质标准可以是数字的（如水体中允许的最大污染物浓度水平）或叙述性的（如描述“没有”某些负面条件的水体的理想条件的标准），各州和部落通常采用数字和叙述来制定标准。涉及污染物时，标准必须基于合理的科学原理，并且必须包含足够的参数或成分以保护指定用途。对于具有多种用途标记的水，标准应支持最高要求的用途。标准还必须审查水质数据和有关排放的信息，以识别出有毒污染物可能对水质产生不利影响或达到指定用水量的特定水体，或有毒污染物的水平处于值得关注的水平，并且必须采用标准适用于水体的此类有毒污染物并足以保护指定用途。如果一州采用有毒污染物的叙事标准来保护指定用途，则该州必须提供信息，并说明该州打算基于这种叙述标准对在水质标准限值内调节有毒污染物的点源排放的方法。

反降级要求提供了一个已经实现的维持和保护水质标准的框架。《清洁水法》的主要目标之一是“保持国家水域的化学、物理和生物完整性”。指定用途和水质标准是各州和部落用于实现《清洁水法》目标的主要工具，而反降级要求通过提供维持现有水质标准的框架，保护较高水质来补充这些工具。反降级要求应维持和保护现有的河道用水和保护现有用水所必需的水质水平。如果水质超过支持鱼、贝类、野生动植物的保护和繁殖以及在水上和水上娱乐的必要水平，则除非因特殊情况得到国家同意，否则应维持和保护水质标准。国家持续规划过程中的政府间协调和公众参与条款，降低水质需要保证是适应水域所在地区重要的经济或社会发展所必需的。国家可按参数或逐个水体的形式确定需要反降级保护的水域，如果国家在逐个水体的基础上确定要进行反降级保护的水，则国家应提供机会让公众参与有关是否将进行反降级保护的水体，以及作出这些决定时要考虑的因素。此外，国家不得仅因为水质不超过标准规定的所有用途所必需的水平，就将水体排除在保护范围之内。国家应制定实施反降级政策的方法，这些方法至少应与国家政策以及水质标准保持一致。国家还应为实施方法的制定和后续修订提供公众参与的机会，并应向公众提供这些方法。

（2）美国《饮用水水质标准》。美国国家环境保护局根据《清洁水法》的相关规定通过三步法建立饮用水水质的标准，如图 2.1 所示。

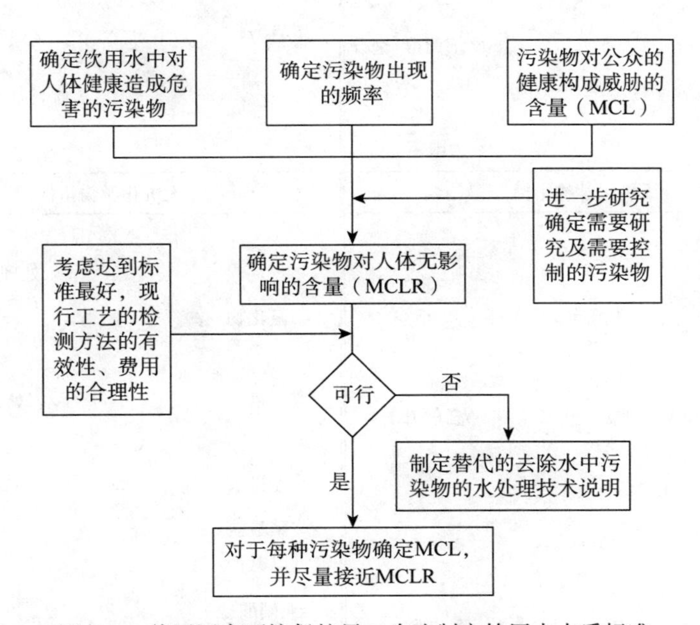

图 2.1　美国国家环境保护局三步法制定饮用水水质标准

美国现行饮用水水质标准两级饮用水规则：国家一级饮用水规则为强制性规则，国家二级饮用水规则为非强制性规则。按照这个规定将标准中的指标分为两类进行控制，每类指标的浓度限值也分为两类：一是饮用水中能够允许存在此污染物的最高浓度，二是期望饮用水中此污染物存在的浓度目标值。标准内容详细、分类具体，具有极强的操作性，便于标准的实施管理（唐香玉，2015）。

国家一级饮用水规则（NPDWRs或一级标准），是法定强制性的标准（表2.1），它适用于公共给水系统。一级标准限制了那些有害公众健康的及已知的或在公用给水系统中出现的有害污染物浓度，从而保护饮用水水质。

表 2.1　国家一级饮用水规则

污染物	MCLG[1]（毫克/升）	MCL[2] TT（毫克/升）	污染物	MCLG[1]（毫克/升）	MCL[2] TT（毫克/升）
	微生物学指标			微生物学指标	
隐性孢子虫	0	TT[3] 99%去除或灭活	总大肠杆菌	0	5.0%
兰伯氏贾第氏虫	0	TT[3] 99.9%去除或灭活	浊度	未定（n/a）	TT[3] ≤1NTU
异养菌总数	未定（n/a）	TT[3] ≤500 细菌群/毫升	病毒	0	TT[3] 99.99%去除或灭活
军团菌	0	TT[3] 为限定		—	
	无机化学物指标			无机化学物指标	
锑	0.006	0.006	铜	1.3	TT[4] 处理界限值=1.3
砷	未规定	0.05	氟化物	4.0	4.0
石棉（>10 微米纤维）	7×10^7 光纤/升	7×10^7 光纤/升	铅	0	TT[4] 处理界限值=0.015
钡	2	2	无机汞	0.002	0.002
铍	0.004	0.004	硝酸盐（以氮计）	10	10
镉	0.005	0.005	亚硝酸盐（以氮计）	1	1
总铬	0.1	0.1	硒	0.05	0.05
氰化物（以氰计）	0.2	0.2	铊	0.000 5	0.000 5

（续）

污染物	MCLG[1]（毫克/升）	MCL[2] TT（毫克/升）	污染物	MCLG[1]（毫克/升）	MCL[2] TT（毫克/升）
有机物指标			有机物指标		
丙烯酰胺	0	TT[5]	熏杀环	0	TT[5]
草不绿	0	0.002	乙基苯	0.7	0.7
阿特拉津	0.003	0.003	二溴化乙烯	0	0.000 05
苯	0	0.005	草甘膦	0.7	0.7
苯并（a）芘	0	0.000 2	七氯	0	0.000 4
呋喃丹	0.04	0.04	环氧七氯	0	0.000 2
四氯化碳	0	0.005	六氯苯	0	0.001
氯丹	0	0.002	六氯环戊二烯	0.05	0.05
氯苯	0.1	0.1	林丹	0.000 2	0.000 2
2,4-二氯苯氧基乙酸	0.07	0.07	甲氧滴滴涕	0.04	0.04
茅草枯	0.2	0.2	草氨酰	0.2	0.2
1,2-二溴-3-氯丙烷	0	0.000 2	多氯联苯	0	0.000 5
邻-二氯苯	0.6	0.6	五氯酚	0	0.001
对-二氯苯	0.075	0.075	毒莠定	0.5	0.5
1,2-二氯乙烷	0	0.005	西玛津	0.004	0.004
1,1-二氯乙烯	0.007	0.007	苯乙烯	0.1	0.1
顺1,2-二氯乙烯	0.07	0.07	四氯乙烯	0	0.005
反1,2-二氯乙烯	0.1	0.1	甲苯	1	1
二氯甲烷	0	0.005	毒杀芬	0	0.003
1,2-二氯丙烷	0	0.005	2,4,5-涕	0.05	0.05
2-（2-乙基己基）己二酸	0.4	0.4	1,2,4-三氯苯	0.07	0.07
2-（2-乙基己基）邻苯二甲酸酯	0	0.006	1,1,1-三氯乙烷	0.2	0.2
地乐酚	0.007	0.007	1,1,2-三氯乙烷	0.003	0.005
二噁英（2,3,7,8-TCDD)	0	3×10^{-8}	三氯乙烯	0	0.005
敌草快	0.02	0.02	氯乙烯	0	0.002

（续）

污染物	MCLG[1]（毫克/升）	MCL[2] TT（毫克/升）	污染物	MCLG[1]（毫克/升）	MCL[2] TT（毫克/升）
有机物指标			有机物指标		
草藻灭	0.1	0.1	总二甲苯	10	10
异狄氏剂	0.002	0.002	总三卤甲烷（TTHMs）	未规定	0.1

资料来源：《国际饮用水水质标准》。

注：处理技术（TT）指公共供水系统必须遵循的强制性处理方法，以保证对污染物的控制。

[1]最大污染物浓度指标值（MCLG）指饮用水中污染物不会对人体健康产生未知或不利影响的最大浓度。MCLG是非强制性指标。

[2]最大污染物浓度（MCL）指公共供水系统的用户水中污染物的最大允许浓度。MCLG中的安全极限要确保检测值略超过MCL不会对公共健康产生重大危害。MCL是强制性标准。

[3]地表水处理规则要求采用地表水或受地表水直接影响的地下水的给水系统，①进行水消毒，②进行水过滤，控制污染物浓度。

[4]在水处理技术中规定，含铅和铜的管要注意防腐。

[5]每个供水系统必须书面向政府保证，在饮用水系统中使用丙烯酰胺和熏杀环（1-氯-2,3环氧丙烷）时，聚合体投加量和单体浓度不应超过以下规定：丙烯酰胺＝0.05%，剂量为1毫克/升时（或相当量）；熏杀环＝0.01%，剂量为20毫克/升时（或相当量）。

国家二级饮用水规则（NSDWRs或二级标准），为非强制性准则（表2.2），用于控制水中对皮肤或感官有影响的污染物浓度。国家环境保护局为供水系统推荐二级标准但没有规定必须遵守，各州可选择性采纳，作为强制性标准。

表2.2　国家二级饮用水规则

污染物	二级标准
氯化物	250毫克/升
色	15色度单位
铜	1.0毫克/升
腐蚀性	无腐蚀性
氟化物	2.0毫克/升
发泡剂	0.5毫克/升
铁	0.3毫克/升
锰	0.05毫克/升
嗅	嗅阈值为3
pH	6.5～8.5
银	0.1毫克/升

（续）

污染物	二级标准
硫酸盐	250 毫克/升
总溶解固体	500 毫克/升
锌	5 毫克/升

资料来源：《国际饮用水水质标准》。

2.3.1.2 日本水质标准

日本没有专门原水水质标准的规定。《自来水法》规定，只要经过处理有可能满足自来水的水质标准，就可以不考虑原水的水质情况。《自来水法》第5条第1项第1号规定："取水设施应尽可能将优质的原水导入必要的量，当原水水质恶化时应减少或停止导入量。能否满足水质标准，取决于原水水质和净水处理性能，所以即使原水水质不好，也可以进行处理。"在《环境基本法》中设定了两个"与水质污浊有关的环境基准"。"与人体健康保护相关的环境标准"是全国统一的，设定了31个项目的水质标准限值；"与生活利用相关的环境标准"设定了20个项目的水质标准限值。因此，在遵守环境标准的公共水域，关于这些项目，自来水水质标准也可以被认为是可以通过的。但是，如果自来水设施中发生了污染，则不在此限。另外，在"关于生活环境保全的环境基准"中，公共水域可以根据用途和现状进行类型指定。

日本执行的自来水水质标准是参照世界卫生组织（WHO）制定并颁布的《饮用水水质准则》制定的。日本严格参照WHO制定的《饮用水水质准则》，每隔10年及时修正本国的标准，合理地将机械材料、品质保证、食品卫生HACCP（Hazard Analysis and Critical Control Point，即危害分析与关键控制点）及工程管理等相关标准应用于自来水行业中，并提出由水源至用水点的水质连续监测方法及海水淡化技术标准等水质管理理念。

日本最新的生活饮用水水质标准项目共由三部分构成，即水质基准项目（法定）、水质管理目标设定项目和需要讨论项目，见表2.3。水质基准项目是规定必须要达到的标准，即法定标准，日本水质基准项目共51个，其中病原微生物指标2个，重金属指标6个，无机物指标5个，有机物指标7个，消毒剂和消毒副生成物11个，基本特性指标5个，感官类指标15个，见表2.4；水质管理目标设定项目是指可能在自来水中检出，水质管理上需要留意的项目，水质管理目标不仅要求保证各检测项目达标，而且要求各自来水公司根据自身存在的问题积极改善其现有处理工艺，并积极采用实用的深度净水技术，水质管理项目共27个，其中重金属和金属指标4个，无机物指标2个，有机物指标9个，消毒剂和消毒副生成物6个，其他类6个，见表2.5；需要讨论项目46个，因为这些指标的毒性评价还未确定，或者自来水中的存在水平还不大清楚，所以还未被确定为水质基准项目或者水质管理目标设定项目，见表2.6。

表2.3 日本生活饮用水水质标准项目分类

分类	项目数量	说明
水质基准项目（法定）	51	从保护人体健康角度设定31个项目，从妨碍生活利用角度设定20个项目
水质管理目标设定项目	27	截至目前，在饮用水中的监测情况尚未达到必须作为水质基准的浓度，但今后在饮用水中有检出的可能性，在水质管理方面有必要关注的项目
需要讨论项目	46	由于目前毒性评价不确定或在饮用水中的检测实际情况不明确等原因，尚无法分类为水质基准项目，水质管理目标设定项目

资料来源：日本《水道法》。

表2.4 水质基准项目

项目	标准限值	项目	标准限值
一般细菌（个/毫升）	<100（菌落数）	总三卤甲烷（毫克/升）	<0.1
大肠杆菌（个/毫升）	不得检测出	三氯乙酸（毫克/升）	<0.03
镉及其化合物（毫克/升）	≤0.003	溴二氯甲烷（毫克/升）	<0.03
汞及其化合物（毫克/升）	≤0.000 5	溴化物（毫克/升）	<0.09
硒及其化合物（毫克/升）	≤0.01	甲醛（毫克/升）	<0.08
铅及其化合物（毫克/升）	≤0.01	锌及其化合物（毫克/升）	≤1.0
砷及其化合物（毫克/升）	≤0.01	铝及其化合物（毫克/升）	≤0.2
六价铬化合物（毫克/升）	≤0.05	铁及其化合物（毫克/升）	≤0.3
亚硝酸盐氮（毫克/升）	≤0.04	铜及其化合物（毫克/升）	≤1.0
氰化物离子和氯化氰（毫克/升）	≤0.01	钠及其化合物（毫克/升）	≤200
硝酸盐氮和亚硝酸盐氮（毫克/升）	<10	锰及其化合物（毫克/升）	≤0.05
氟及其化合物（毫克/升）	≤0.8	氯化物离子（毫克/升）	<200
硼及其化合物（毫克/升）	≤1.0	钙、镁等（硬度）（毫克/升）	<300
四氯化碳（毫克/升）	<0.002	蒸发残留物（毫克/升）	<500
1,4-二噁烷（毫克/升）	<0.05	阴离子表面活性剂（毫克/升）	<0.2
顺-1,2-二氯乙烯-1,2-二氯乙烯（毫克/升）	<0.04	土臭素（毫克/升）	<0.000 01
二氯甲烷（毫克/升）	<0.02	2-甲基异苯甲酮（毫克/升）	<0.000 01
四氯乙烯（毫克/升）	<0.01	非离子表面活性剂（毫克/升）	<0.02

（续）

项目	标准限值	项目	标准限值
三氯乙烯（毫克/升）	<0.01	酚类（以苯酚计）（毫克/升）	≤0.005
苯（毫克/升）	<0.01	有机物［总有机碳（TOC）量］（毫克/升）	<3
氯酸（毫克/升）	<0.6	pH	5.8～8.6
氯乙酸（毫克/升）	<0.02	味	不异常
氯仿（毫克/升）	<0.06	臭	不异常
二氯乙酸（毫克/升）	<0.03	色度（度）	<5
二溴氯甲烷（毫克/升）	<0.1	浊度（度）	<2
溴酸（毫克/升）	<0.01	—	—

资料来源：日本《水道法》。

表 2.5　水质管理目标设定项目

单位：毫克/升

项目	标准限值	项目	标准限值
锑及其化合物	<0.02（以锑计）	锰及其化合物	<0.01（以锰计）
铀及其化合物	<0.002（以铀计）（暂定）	游离碳酸	<20
镍及其化合物	<0.02（以镍计）	1,1,1-三氯乙烷	<0.3
1,2-二氯乙烷	<0.004	甲基叔丁基醚	<0.02
甲苯	<0.4	有机物等（高锰酸钾消耗量）	<3
邻苯二甲酸二2-乙基己基酯	<0.08	气味强度（TON）	<3
亚氯酸	<0.6	蒸发残留物	30～200
二氧化氯	<0.6	浊度	<1
二氯乙腈	<0.01（暂定）	pH	约 7.5
氯水合物	<0.02（暂定）	腐蚀性（朗热利耶指数）	-1以上，尽量接近0
农药	检测值/目标值之比的和<1.0	异养菌	1毫升水中菌落2 000个以下
余氯	<1	1,1-二氯乙烯	<0.1
钙、镁等（硬度）	10～100	铝及其化合物	<0.1（以铝计）
—	—	全氟辛烷磺酸（PFOS）和全氟辛酸（PFOA）	全氟辛烷磺酸（PFOS）和全氟辛酸（PFOA）的总量<0.000 05（临时）

资料来源：日本《水道法》。

表 2.6 需要讨论项目

单位：毫克/升

项目	目标值	项目	目标值
银及其化合物	—	邻苯二甲酸丁酯	0.5
钡及其化合物	0.7	微囊藻毒素-LR	0.000 8（临时）
铋及其化合物	—	有机锡化合物	0.000 6（临时）（TBTO）
钼及其化合物	0.07	溴氯乙酸	—
丙烯酰胺	0.000 5	溴二氯乙酸	—
丙烯酸	—	二溴氯乙酸	—
17-Β雌二醇	0.000 08（暂定）	溴乙酸	—
乙炔雌二醇	0.000 02（暂定）	二溴乙酸	—
乙二胺四乙酸（EDTA）	0.5	三溴乙酸	—
表氯醇	0.000 4（暂定）	三氯乙腈	—
氯乙烯	0.002	溴氯乙腈	—
醋酸乙烯酯	—	二溴乙腈	0.06
2,4-甲苯二胺	—	乙醛	—
2,6-甲苯二胺	—	MX	0.001
N,N-二甲基苯胺	—	二甲苯	0.4
苯乙烯	0.02	高氯酸	0.025
二噁英	1皮克 TEQ/升（暂定）	N-亚硝基二甲胺（NDMA）	0.000 1
三亚乙基四胺	—	苯胺	0.02
壬基酚	0.3（暂定）	喹啉	0.000 1
双酚 A	0.1（暂定）	1,2,3-三氯苯	0.02
肼	—	硝基三乙酸（NTA）	0.2
1,2-丁二烯	—	全氟己烷磺酸（PFHxS）	—
1,3-丁二烯	—	邻苯二甲酸二正丁酯	0.01

资料来源：日本《水道法》。

2.3.1.3 德国水质标准

德国水源地水质管理的三项原则：预防为主；谁污染谁付费；通力合作。预防为主的原则是把环境政策不仅仅限于制止具有威胁性的危险和消除已经发生的危害，而且把大自然作为一个整体，它的平衡必须得到保护，有关这方面的任何政策都应当尽可能具有防护性，以便长期维持自然体系的正常功能。谁污染谁付费的原则意旨防止、消除或补偿环境压力的费用应当由造成这种压力的单位负担。这一原则是一种费用责任，在确定有关损失或义务的责任时，不应以此为据。通力合作的原则意旨任何环境政策的制定与实施，必须由所有当事者共同承担责任。

目前在全球范围内德国的饮用水质量高于平均水平，根据联邦环保署的数据，德国几乎所有样品的水资源报告的水质量都非常高。关于饮用水质量数据表明，很少会发现微生物或其他物质的浓度超过规定的极限值。联邦环保署证明，德国的消费者可以毫不犹豫地喝自来水，在德国饮用水中没有发现任何浓度的污染物，德国的自来水消耗量不会对人类健康造成负面影响。德国通过《联邦水法》来制定水资源水质要求和标准旨在改善或维持德国的饮用水质量，定期检查水是否满足这些要求，并且德国内跨国河流也要执行这些标准和规定（温竹青等，2018）。

（1）德国水质分类。德国常用的水质分类方法是腐生生物指数法。根据腐生生物指数的大小，结合水质化学参数，将水质分为7类（4个级、3个中间级）（张旭辉，1987）。各类水质类型的水质标准见表2.7。腐生生物指数水质分类在德国水质评价和水环境管理工作中被广泛应用。

表2.7 德国水质分类

质量等级	有机污染程度	腐生生物等级	腐生生物指数	化学参数		
				BOD（毫克/升）	NH_4-N[a]（毫克/升）	O_2^- 最小值（毫克/升）
Ⅰ	未污染至微污染	微腐生生物	1.0～1.5	1	最多微量	大于8
Ⅰ-Ⅱ	轻污染	微腐生生物，并带有β-中腐生生物的特点	1.5～1.8	1～2	0.1左右	8
Ⅱ	中污染	β-中腐生生物分布均匀	1.8～2.3	2～6	小于0.3	大于6
Ⅱ-Ⅲ	重污染	α-β中腐生生物边界范围	2.3～2.7	5～10	小于1	大于4
Ⅲ	严重污染	α-中腐生生物占优势	2.7～3.2	7～13	0.5～若干	大于2
Ⅲ-Ⅳ	非常严重污染	多腐生生物，带有α-中腐生生物的特点	3.2～3.5	10～20	若干	小于2
Ⅳ	过度污染	多腐生生物	3.5～4.0	大于15	若干	小于2

资料来源：德国联邦环保署（UBA）网站：www.umweltbundesamt.de/en/publications.

[a] 我国氨氮一般表述为NH_3-N，但根据相关文献和德国标准，德国氨氮表述为NH_4-N，表示以游离（NH_3）或铵盐（NH_4^+）的形式存在于水中，具体组成与水的pH有关。

Ⅰ类水一般属于源头水或污染很轻的河流上游水。水质清澈见底，营养成分贫乏，水体底部为岩石、砾石或沙，是珍贵鱼种（如鲑科）产卵区，红藻、硅藻、地衣、涡虫、甲虫等生物适当繁殖。Ⅰ-Ⅱ类水多为轻污染的上游流水，水质尚清澈，养分较少，有藻类、藓类、显花植物、蜉蝣目昆虫、毛翅目昆虫等生物繁殖。Ⅱ类水被有机物及其分解产物中度污染。水底是岩石、砾石、沙和淤泥，各种藻类大量繁殖，显花植物、蜗牛、小虾、各种昆虫及其幼虫大量繁殖。Ⅱ-Ⅲ类水体因较强的污染而轻度浑浊，局部区域出现腐烂的淤泥，大部分水域尚可适于鱼类生存，但缺少珍贵鱼类生存的环境。藻类、显花植物、海绵动物、苔藓虫、小虾、蜗牛、水蛭和昆虫幼虫等生物繁殖。Ⅲ类水因废水排放而变得浑浊，石质、沙质底质被硫化铁染色而变黑。在流量较小的河段腐烂的淤泥堆积，水产业产量较小，并因氧的缺少而伴有周期性的死鱼事件发生。Ⅲ-Ⅳ类水因废水排放而变浑浊，水底大部分淤泥化，只有在局部地方偶尔出现鱼。Ⅳ类水因污水排放而变得非常浑浊，水底淤泥大量淤积，在许多情况下水体出现硫化氢的气味，鱼虾绝迹，只有菌类、鞭毛虫等生物存在。

（2）德国饮用水源水质标准。自1976年以来，德国一直有合法的饮用水条例，且已经被修改了4次，当前的《联邦水法》于2018年1月9日生效。《联邦水法》旨在改善或维持德国的饮用水质量。根据规定，德国的饮用水必须具有这样的质量：其饮用水对人体健康无害，并且饮用水纯净且对人类安全。

饮用水的性质必须保证饮用或使用不会导致对人类健康的损害，特别是病原体的损害。它必须是纯净的，适合人类食用。如果满足此要求，则认为至少在水提取、水处理和水分配中遵守了公认的技术规则，饮用水符合《联邦水法》的要求。卫生部门或欧盟委员会已批准饮用水中可能含有微生物或化学物质的极限值，如表2.8所示。条例要求企业家和供水系统的另一所有者不得将超过限值的水作为饮用水分配给他人，也不得将其提供给他人。

表2.8 德国饮用水水源水质要求化学物质的极限值

单位：毫克/升

序号	名称	计量物质	极限值	允许误差值（±）
1	砷	As	0.01	0.005
2	铅	Pb	0.04	0.02
3	镉	Cd	0.005	0.002
4	铬	Cr	0.05	0.01
5	氰化物	CN^-	0.05	0.01
6	氟化物	F^-	1.5	0.2
7	镍	Ni	0.05	0.01
8	硝酸盐	NO_3^-	50	2
9	亚硝酸盐	NO_2^-	0.1	0.02

（续）

序号	名称	计量物质	极限值	允许误差值（±）
10	汞	Hg	0.001	0.000 5
11	芳烃 荧蒽 苯并（b）荧蒽 苯并（k）荧蒽 苯并（a）芘 苯并（g，h，i）二萘嵌苯 茚并（1,2,3-cd）二萘嵌苯	C	总计 0.000 2	0.000 04
12	有机氯化物 三氯甲烷 三氯乙烯 四氯乙烯 二氯甲烷	—	总计 0.01	0.004
	四氯化碳	CCl_4	0.003	0.001
13	用于植物防病与杀虫的有机化学物质及它们有毒性的主要降解产物和多氯、多溴联苯和联二苯	—	单项物质含量 0.000 1	0.000 05
		—	总计 0.000 5	0.000 2
14	锑	Sb	0.01	0.002
15	硒	Se	0.01	0.002

资料来源：德国联邦环保署（UBA）网站：www.umweltbundesamt.de/en/publications.

德国的饮用水处理立法规定，消毒后的饮用水氯离子含量不得大于 0.2 毫克/升，许多溶解性天然化合物如腐殖酸、富里酸及阿里有机物（多糖、糖酸等）与氯反应，依据有机物结构和浓度生成不同含量的三氯甲烷化合物，如氯气与碳的比值、反应时间及 pH 范围等。这些有机氯化物对人体健康有着不同的影响。WHO 饮用水水质标准指导书中对比都有推荐值和建议值。根据这个事实，德国饮用水处理立法将在下次修订时将饮用水中三氯甲烷的标准定为 25 毫克/升。为了达到这个值，必须对饮用水水源提出更高的要求，因为按照一般的处理工艺对天然有机物只能去除 30%～80%，要想达到三氯甲烷含量为 25 毫克/升，必须选用非富营养化的水源，腐蚀物质含量不应太高。根据德国的经验，原水中这种有机物的含量应控制在 3～4 毫克/升的范围内。

利用地表水作为饮用水水源的另一个问题是污染物与干扰物质的冲击负荷。水处理厂只能利用已安装的设施和可用处理技术对付一定范围内的冲击负荷。对于利用地表水源生产饮用水的水厂来说，冲击负荷是最大问题之一，它意味着对给水可靠性的一个大的风险威胁。因此，水污染控制措施必须能使还原水中的污染负荷保持在水处理技术可以对付的水平之下，即保证冲击负荷可以得到控制。只有这样，水处理厂才能保证在所有的时间内都能生产出合格的饮用水。

德国给气给水协会（德文简称 DVGW）、欧洲共同体（简称 EC，现为欧洲联盟）、莱茵河流域供水工程国际集团（德文简称 IAWR）对于用作饮用水源的地表水中的无机参数（表 2.9）提出了标准限值。

表 2.9　地表水水源的无机物参数标准限值

单位：毫克/升

参数	DVGW 水质标准		EC 地表水水质标准						IAWR 对莱茵河的水质标准	
	A	B	A_1		A_2		A_3		A	B
			G	I	G	I	G	I		
悬浮性无机物	150	200	25	—	—	—	—	—	—	—
氧饱和的亏缺	20%	40%	＜30%	—	＜50%	—	＜170%	—	20%	40%
氨	0.2	1.5	0.05	—	1	1.5	2	4	0.2	1.5
砷	0.01	0.03	0.01	0.05	—	0.05	0.05	0.1	0.01	0.05
镉	0.005	0.01	0.001	0.005	0.001	0.005	0.001	0.005	0.001	0.005
铬	0.03	0.05	—	0.05	—	0.05	—	0.05	0.03	0.05
镍	0.03	0.05	—	—	—	—	—	—	0.03	0.05
汞	0.000 5	0.001	0.000 5	0.001	0.000 5	0.001	0.000 5	0.001	0.000 5	0.001
铅	0.03	0.05	—	0.05	—	0.05	—	0.05	0.03	0.05
锰	0.05	0.5	0.05	—	0.1	—	1	—	—	—
氯	100	200	200	—	200	—	200	—	100	150
硫酸盐	100	150	150	250	150	250	150	250	100	150
硝酸盐	25	50	25	50	—	50	—	50	25	25
磷酸盐	—	—	0.18	—	0.32	—	0.32	—	—	—

资料来源：《国际饮用水水质标准》。

注：①A 类标准：当原水水质符合 A 类浓度限值时，该水源可以采用简单的天然处理方法（地下水回灌、岸堤过滤、慢速沙漂、絮凝与过滤）处理后，可用作饮用水。②B 类标准：B 类列出的参数，相应于饮用水的水质标准，而几乎不受水处理工艺的影响。如果超过 B 类列出的浓度，则采用这种水源生产饮用水是十分危险的。③G：指导值。④I：必须遵循的值。⑤A_1、A_2、A_3：分别代表 3 种标准采用的处理方法，A_3 是最低要求。

2.3.2　我国水源地保护相关标准

2.3.2.1　水源地保护标准概况

我国尚无专门针对水源地保护方面的标准体系，但与之相关的一些规定却适用于各相关标准中。1993 年，建设部曾颁布《生活饮用水水源水质标准》（CJ 3020—1993），专门规定了生活饮用水水源水质。国家环境保护局、卫生部、建设部、水利部、地质矿产部于 1989 年联合颁布《饮用水水源保护区污染防治管理规定》（简称《管理规定》），规定了饮用水地表和地下水源保护区的划分和防护、保护区污染防治的监督管理以及奖励与惩罚等内容。2007 年新颁布的《饮用水水源保护区划分技术规范》（HJ/T 338—2007）对河流、湖泊、水库、地下水等不同类型水源地保护区划分方法进行了规范。

2021 年 2 月 24 日，水利部为全面贯彻党的十九大和党的十九届五中全会精神，积极践行“节水优先、空间均衡、系统治理、两手发力”的治水思路，以标准化推动新阶段水利高质量发展，水利部修订完成了 2021 年版《水利技术标准体系表》。《水利技术标准体系表》中与水源地相关的标准总结如表 2.10 所示。

表 2.10 《水利技术标准体系表》（2021）中水资源保护相关标准

标准名称	标准编号	编制状态
地下水监测工程技术规范	GB/T 51040—2014	修订
城市水文监测与分析评价技术导则	SL/Z 572—2014	已颁
水资源通用技术规范	GB	制定
水资源规划规范	GB/T 51051—2014	已颁
水资源保护规划编制规程	SL 613—2013	已颁
地下水禁限采区划定导则	GB/T	拟编
地表水资源质量标准	GB	拟编
地下水质量标准	GB/T 14848—2017	已颁
饮用水水源地安全评价技术导则	SL/T	制定
河湖生态保护与修复规划导则	SL 709—2015	已颁
河湖岸线保护与利用规划技术规程	SL/T	制定
江河流域规划环境影响评价规范	SL 45—2006	已颁
河湖生态系统保护与修复工程技术导则	SL/T 800—2020	已颁
地表水资源质量评价编制规程	SL 395—2007	已颁
河湖长制实施成效评价技术导则	SL/T	拟编
大中型水库移民后期扶持规划编制规程	SL 728—2015	已颁
中小河流水能开发规划编制规程	SL 221—2019	已颁
农业灌溉与排水工程项目规范	GB	制定
灌溉与排水工程设计标准	GB 50288—2018	已颁

2.3.2.2 水源地保护区的划分

（1）饮用水水源地保护区定界要求。

现场定界：为方便日常环境管理，场地标定工作划分要在保护区技术方案和电子地图完成后马上开展。

定界要求及精度要求：充分利用水线等永久性明显标识，行政边界、公路、铁路、桥梁、大型建筑物、水库大坝、水工建筑物、河口、航道、输电线路、通信线路等，结合地形地貌、标志性建筑和水源保护区特点，确定各级自然保护区的地理界线，修订完善电子地图。此外，还应顺时针确定主要拐点的经纬度坐标，最终确定各级保护区的红线图和坐标表。标定时，测量精度、记录数据和成功精度应达到亚米级（误差不小于1分米）。

设立标志：饮用水水源地保护区划分方案获得批准后，有关地方人民政府应当按照《饮用水水源保护区标志技术要求》（HJ/T 433—2008）的要求，在饮用水水源地保护区边界设立界标，敏感区域设立警示标志。

（2）饮用水水源地保护区划分的技术规则。在确定饮用水水源地保护区的划分时，应考虑地理位置、水文、气象、地质特征、水动力特征、水污染类型、污染特征、污染源分布、流域分布、水源规模等因素，需水量、航运资源与需求、社会应急发展规模和环境管理水平等。

地表水饮用水水源地保护区范围：应根据不同水域的特点，结合当地的具体情况，对水质进行定量预测，确保在规划设计中对水文条件、污染负荷和供水量、水质进行综合评价储量的多少能达到相应的标准。

地下水饮用水水源地保护区范围：根据当地水文地质条件、供水情况、开采方式和污染源分布情况确定，确保规划水量达到规定的水质标准。

划定的饮用水水源地一级保护区应当防止水源地附近的人类活动对水源地的直接污染：划定的饮用水水源地二级保护区应当足以使选定的主要污染物在排放过程中衰减到预期的浓度水平运输至取水口（采水井或井组），正常情况下取水口水质能满足要求，遇水污染突发事件时，有采取补救措施的时间和缓冲地带。

划定水源地保护区的范围，应当以保证饮用水源水质不受污染为前提，以便于实施环境管理为原则。

（3）河流型饮用水水源地保护区的划分。河流型饮用水水源地保护区可分为一级保护区和二级保护区，其中涉及水域范围和陆域范围，水域范围包括一般河流水源地、潮汐河流段水源地和其他水源地。水域范围分类方法包括类比经验法、数值模型计算法和应急响应时间法等。陆域范围以确保水源保护区水域水质为目标，可视情采用地形边界法、类比经验法和缓冲区法确定二级保护区陆域范围。

①一级保护区。

水域范围：一级保护区水域采用类比经验法确定。一般河流水源地，一级保护区水域面积取水口上游不小于1 000米，下游不小于100米。一级保护区上下游范围相同，一侧范围不小于1 000米，一级保护区水域宽度为多年平均水位对应的高程线以下水域。枯水期航道宽度不小于500米，水域宽度为航道边界线至岸边的范围；枯水期航道宽度小于500米，一级保护区水域为除航道以外的整个江段；非航道，它是整个河流区域。

陆域范围：采用类比经验法，确定一级保护区陆域范围。陆地面积的海岸长度不得小于相应的一级保护区的水域长度。陆地海岸深度与一级保护区水边界的距离一般不小于50米，但不大于分水岭。对于有防洪堤坝的，可以防洪堤坝为边界；并要采取措施，防止污染物进入保护区内。

②二级保护区。

水域范围：对符合条件的水源地，可采用类比经验法确定二级保护区的水域范围。二级保护区长度自一级保护区上游边界至上游（含上游支流）不小于2 000米，下游侧外边界至一级保护区边界距离不小于200米。

感潮河段水源地，不宜采用类比经验法确定二级保护区。其他水源地，根据水源地周围污染源的分布和排放特点，采用数值模型计算法或应急响应时间法。采用二维水质模型法时，二级保护区水域的长度，应大于当前水质主要污染物的浓度水平，衰减到GB 3838—2002相关水质标准要求的浓度水平所需的距离。划定的二级保护区范围不得小于类比确定的范围，二级保护区边界控制断面的水质不得退化。数值解法适用于边界条件复杂的大水域，对于边界条件简单的小水域，可采用解析解法。采用应急响应时间法时，二级储备水域的长度，应大于一定响应时间内水流路径的距离。应急响应时间可根据水源地所在区域的应急能力确定，一般不少于2小时，获得的二级保护区范围不得小于类比经验法确定的二级保护区范围。感潮河流水源地二级保护区应采用数值模型计算方法，根据取水口下游污水团频率设计要求，计算确定二级保护区下游侧外边界。二级保护区水域宽度为多年平均水位对应的高程线以下水域。二级保护区水域宽度为防洪堤内水域。枯水期水面宽度不小于500米的通航河流，水域宽度为取水口侧航道边界线至岸边；枯水期水面宽度小于500米的通航河流，二级保护区水域为除航道以外的整个江段；非通航河流为整个江段。

陆域范围：为保证水源保护区的水质，采用地形分界法、类比经验法和缓冲带法确定二级保护区的用地面积。二级保护区陆地面积的海岸长度不得小于二级保护区水域的海岸长度。二级保护区陆地面积的海岸深度一般不小于1 000米，但不大于流域。对于小于100平方千米的小流域，二级保护区可以是整个流域。具体可根据自然地理、环境特点和环境管理需要确定。有防洪坝的，可以防洪坝为界，并采取措施防止污染物进入保护区。当非点源污染是影响水质的主要因素时，根据自然地理、环境特点和需要，主要通过分析地形、植被、土地利用、地表径流汇水特征、汇水面积等，确定二级保护区的海岸深度环境管理。

（4）湖泊、水库型饮用水水源地保护区的划分。湖泊、水库型饮用水水源地保护区分为一级保护区和二级保护区，这其中涉及水域范围和陆域范围。水域范围的划分采用类比经验法确定一级保护区，将满足条件的水源地用同样方法划分二级保护区水域范围，也可用数值模型计算法和应急响应时间法来划分二级保护区水域范围；陆域范围环境问题分析依据地形边界法或者类比经验法。详细介绍见表 2.11。

表 2.11　湖泊、水库型饮用水水源地保护区的划分

	水域范围	陆域范围
一级保护区	小型水库和单一供水功能的湖泊、水库多年平均水位对应的高程线以下的全部水域 小型湖泊、中型水库保护区范围为取水口半径不小于 300 米范围内的区域 大中型湖泊、大型水库保护区范围为取水口半径不小于 500 米范围内的区域	小型和单一供水功能的湖泊、水库以及中小型水库为一级保护区水域外不小于 200 米范围内的陆域 大中型湖泊、大型水库为一级保护区水域外不小于 200 米范围内的陆域，但不超过流域分水岭范围
二级保护区	小型湖泊、中小型水库一级保护区边界外的水域面积 大中型湖泊、大型水库以一级保护区外径向距离不小于 2 000 米区域且不超过水域范围 采用数值模型计算法时，二级保护区的水域范围，应大于主要污染物从现状水质浓度水平衰减到 GB 3838—2002 相关水质标准要求的浓度水平所需的距离。所得到的二级保护区范围不得小于类比经验法确定的二级保护区范围，且二级保护区边界控制断面水质不得发生退化 采用应急响应时间法时，二级保护区的水域范围，应大于一定响应时间内流程的径向距离。应急响应时间可根据水源地所在地应急能力状况确定，一般不小于 2 小时，所得到的二级保护区范围不得小于类比经验法确定的范围	采用环境问题分析方法划分，纵深范围主要依据自然地理、环境特征和环境管理的需要，通过分析地形、植被、土地利用、森林开发、流域汇流特性、集水域范围等确定 采用地形边界法或类比法划分，小型水库的上游整个流域（一级保护区陆域外区域）为二级保护区 单一功能的湖泊、水库、小型湖泊和平原型中型水库的二级保护区范围是一级保护区以外水平距离不小于 2 000 米区域 山区型中型水库二级保护区的范围为水库周边山脊线以内（一级保护区以外）及入库河流上溯不小于 3 000 米的汇水区域 大中型湖泊、大型水库可以划分一级保护区外径向距离不小于 3 000 米的区域为二级保护区

2.3.2.3　水源地水质标准

水质作为水源地保护最重要的一个方面，受到很大重视。但是，我国目前没有专门针对水源地而定的水质标准。现行的水源地水质标准是综合我国《生活饮用水水源水质标准》《农田灌溉水质标准》《地表水环境质量标准》《地下水质量标准》而实施。

（1）《生活饮用水水源水质标准》。《生活饮用水水源水质标准》（CJ 3020—1993）是建设部于1993年8月2日批准的，该标准对生活饮用水水源的水质指标、水质分级、标准限值以及水质检验进行了规定。

①生活饮用水水源水质分级。生活饮用水水源水质分为两级，其两级标准的限值见表2.12。一级水源水的水源水质良好，地表水需要经过净化处理（如过滤）、消毒后，而地下水只需消毒处理便可提供给生活饮用者；二级水源水的水源水质受到轻度污染，需要经常规净化处理（如絮凝、沉淀、过滤、消毒等），其水质达到《生活饮用水卫生标准》（GB 5749—2006）规定的标准，方可供生活饮用。而且，水质浓度超过二级标准限值的水源水，不宜作为生活饮用水的水源。若限于条件需加以利用时，应采用相应的净化工艺进行处理。处理后的水质应符合GB 5749—2006的规定，并取得省、自治区、直辖市卫生厅（局）及主管部门批准。

②标准限值。生活饮用水水源的水质，不应超过表2.12所规定的限值；水源如含有表2.12中未列入的有害物质时，应按有关规定执行。

③水质检验。水质检验方法按《生活饮用水标准检验方法》（GB/T 5750系列标准）的规定执行，铍的检验方法按《水质　铍的测定　石墨炉原子吸收分光光度法》（HJ/T 59—2000）的规定执行，百菌清的检验方法按《生活饮用水标准检验方法　农药指标》（GB/T 5750.9—2006）的规定执行；不得根据一次瞬时检测值使用本标准（即CJ 3020—1993）；已使用的水源或选择水源时，至少每季度采样一次作全分析检验。

表2.12　生活饮用水水源水质标准限值

项目	标准限值	
	一级	二级
色	色度不超过15度，并不得呈现其他异色	不应有明显的其他异色
浑浊度（度）	≤3	
嗅和味	不得有异臭、异味	不应有明显的异臭、异味
pH	6.5～8.5	6.5～8.5
总硬度（以碳酸钙计）（毫克/升）	≤350	≤450
溶解铁（毫克/升）	≤0.3	≤0.5

（续）

项目	标准限值	
	一级	二级
锰（毫克/升）	≤0.1	≤0.1
铜（毫克/升）	≤1.0	≤1.0
锌（毫克/升）	≤1.0	≤1.0
挥发酚（以苯酚计）（毫克/升）	≤0.002	≤0.004
阴离子合成洗涤剂（毫克/升）	≤0.3	≤0.3
硫酸盐（毫克/升）	<250	<250
氯化物（毫克/升）	<25	0<250
溶解性总固体（毫克/升）	<1 000	<1 000
氟化物（毫克/升）	≤1.0	≤1.0
氰化物（毫克/升）	≤0.05	≤0.05
砷（毫克/升）	≤0.05	≤0.05
硒（毫克/升）	≤0.01	≤0.01
汞（毫克/升）	≤0.001	≤0.001
镉（毫克/升）	≤0.01	≤0.001
铬（六价）（毫克/升）	≤0.05	≤0.05
铅（毫克/升）	≤0.05	≤0.07
银（毫克/升）	≤0.05	≤0.05
铍（毫克/升）	≤0.000 2	≤0.000 2
氨氮（以氮计）（毫克/升）	≤0.5	≤1.0
硝酸盐（以氮计）（毫克/升）	≤10	≤20
耗氧量（$KMnO_4$ 法）（毫克/升）	≤3	≤6
苯并（a）芘（微克/升）	≤0.01	≤0.01
滴滴涕（微克/升）	≤1	≤1
六六六（微克/升）	≤5	≤5
百菌清（微克/升）	≤0.01	≤0.01
总大肠杆菌群（个/升）	≤1 000	≤10 000
总α放射性（贝可/升）	≤0.1	≤0.1
总β放射性（贝可/升）	≤1	≤1

（2）《农田灌溉水质标准》。为贯彻落实《环境保护法》《土壤污染防治法》《水污染防治法》，加强农田灌溉水质监管，保障耕地、地下水和农产品安全，生态环境部带头制定了《农田灌溉水质标准》（GB 5084—2021）。该标准是农田灌溉用水的基本要求。

农田灌溉（farmland irrigation）是指按照作物生长的需要，利用工程设施，将水输送到田间，满足作物对水的需求的活动。农田灌溉用水水质控制项目分为基本控制项目和选择控制项目。基本控制项目为必测指标，选择控制项目由地方生态环境主管部门根据实际情况选择测定。农田灌溉用水水质应符合表2.13、表2.14的规定。

表2.13 农田灌溉用水水质基本控制项目标准限值

序号	项目类别	作物种类		
		水作	旱作	蔬菜
1	pH	5.5～8.5		
2	水温（℃）	≤35		
3	悬浮物（SS）（毫克/升）	≤80	≤100	≤60[a]，≤15[b]
4	BOD_5（毫克/升）	≤60	≤100	≤40[a]，≤15[b]
5	COD_{Cr}（毫克/升）	≤150	≤200	≤100[a]，≤60[b]
6	阴离子表面活性剂（毫克/升）	≤5	≤8	≤5
7	氯化物（毫克/升）	≤350		
8	硫化物（毫克/升）	≤1		
9	全盐量（毫克/升）	≤1 000[c]（非盐碱土地区），≤2 000[c]（盐碱土地区）		
10	铅（毫克/升）	≤0.2		
11	镉（毫克/升）	≤0.01		
12	铬（六价）（毫克/升）	≤0.1		
13	汞（毫克/升）	≤0.001		
14	砷（毫克/升）	≤0.05	≤0.1	≤0.05
15	粪大肠菌群（个/100毫升）	≤4 000	≤4 000	≤2 000[a]，≤1000[b]
16	蛔虫卵数（个/升）	≤2		≤2[a]，≤1[b]

a 加工、烹调及去皮蔬菜。

b 生食类蔬菜、瓜类和草本水果。

c 具有一定的水利灌排设施，能保证一定的排水和地下水径流条件的地区，或有一定淡水资源能满足冲洗土体中盐分的地区，农田灌溉水质全盐量指标可以适当放宽。

表2.14 农田灌溉用水水质选择控制项目标准限值

序号	项目类别	作物种类		
		水作	旱作	蔬菜
1	氰化物（毫克/升）	≤0.5		
2	氟化物（毫克/升）	≤2（一般地区），≤3（高氟区）		
3	石油类（毫克/升）	≤5	≤10	≤1

（续）

序号	项目类别	作物种类		
		水作	旱作	蔬菜
4	挥发酚（毫克/升）	1		
5	铜（毫克/升）	≤0.5	≤1	
6	锌（毫克/升）	≤2		
7	硒（毫克/升）	≤0.02		
8	硼（毫克/升）	≤1[a]（对硼敏感作物），≤2[b]（对硼耐受性较强的作物），≤3[c]（对硼耐受性强的作物）		
9	苯（毫克/升）	≤2.5		
10	甲苯（毫克/升）	≤0.7		
11	二甲苯（毫克/升）	≤0.5		
12	异丙苯（毫克/升）	≤0.25		
13	苯胺（毫克/升）	≤0.5		
14	三氯乙醛（毫克/升）	≤1	≤0.5	≤0.5
15	丙烯醛（毫克/升）	≤0.5		
16	氯苯（毫克/升）	≤0.3		
17	1,2-二氯苯（毫克/升）	≤1.0		
18	1,4-二氯苯（毫克/升）	≤0.4		
19	硝基苯（毫克/升）	≤2.0		
20	4-硝基氯苯（毫克/升）	≤0.5		
21	2,4-二硝基氯苯（毫克/升）	≤0.5		
22	邻苯二甲酸二丁酯（毫克/升）	≤0.1		
23	邻苯二甲酸二辛酯（毫克/升）	≤0.1		

[a] 对硼敏感作物，如黄瓜、豆类、马铃薯、笋瓜、韭菜、洋葱、柑橘等。

[b] 对硼耐受性较强的作物，如小麦、玉米、青椒、小白菜、葱等。

[c] 对硼耐受性强的作物，如水稻、萝卜、油菜、甘蓝等。

农田灌溉水质还要满足以下要求：法律允许情形下，向农田灌溉渠道排放水，应保证其下游最近灌溉取水点的水质符合GB 5084—2021的规定；以城镇污水处理厂再生水作为灌溉水源的，除应满足GB 5084—2021外，还应满足《城市污水再生利用　农田灌溉用水水质》（GB 20922—2007）的规定；在集中式饮用水水源保护区、泉水出露区、岩石裂隙及碳酸岩溶发育区、淡水的地下水位距地表小于1米的地区、经常受淹的河滩和洼涝地等地区应避免以生产、生活污水再生水作为灌溉水源；应严格按照本标准所规定的水质及农作物灌溉定额进行灌溉；严禁以生产、生活污水再生水浇灌生食类蔬菜、瓜类和草本水果等。

（3）《地表水环境质量标准》。为贯彻《环境保护法》和《水污染防治法》，防治水污染，保护地表水水质，保障人体健康，维护良好的生态系统，2002年国家环境保护总局和国家质量监督检验检疫总局联合发布了《地表水环境质量标准》（GB 3838—2002）。该标准按照地表水环境功能分类和保护目标，规定了水环境质量应控制的项目及限值，以及水质评价、水质项目的分析方法。

①水域功能和标准分类：依据地表水水域环境功能和保护目标，按功能高低依次划分为5类：Ⅰ类主要适用于源头水、国家自然保护区；Ⅱ类主要适用于集中式生活饮用水地表水源地一级保护区、珍稀水生生物栖息地、鱼虾类产卵场、仔稚幼鱼的索饵场等；Ⅲ类主要适用于集中式生活饮用水地表水源地为二级保护区、鱼虾类越冬场、洄游通道、水产养殖区等渔业水域及游泳区；Ⅳ类主要适用于一般工业用水区及人体非直接接触的娱乐用水区；Ⅴ类主要适用于农业用水区及一般景观要求水域。对应地表水五类水域功能，将地表水环境质量标准基本项目标准限值分为5类，不同功能类别分别执行相应类别的标准限值。水域功能类别高的标准限值严于水域功能类别低的标准限值。同一水域兼有多类使用功能的，执行最高功能类别对应的标准限值。

②标准限值。地表水环境质量标准基本项目标准限值见表2.15。

表2.15 地表水环境质量标准基本项目标准限值

基本项目	分类				
	Ⅰ类	Ⅱ类	Ⅲ类	Ⅳ类	Ⅴ类
水温（℃）	人为造成的环境水温变化应限制在： 周平均最大温升≤1 周平均最大温降≤2				
pH（无量纲）	6～9				
溶解氧（毫克/升）	饱和率≥90% （或7.5）	≥6	≥5	≥3	≥2
高锰酸盐指数	≤2	≤4	≤6	≤10	≤15
COD（毫克/升）	≤15	≤15	≤20	≤30	≤40
BOD_5（毫克/升）	≤3	≤3	≤4	≤6	≤10
氨氮（NH_3-N）（毫克/升）	≤0.15	≤0.5	≤1.0	≤1.5	≤2.0
总磷（以P计）（毫克/升）	≤0.02 （湖、库0.01）	≤0.1 （湖、库0.025）	≤0.2 （湖、库0.05）	≤0.3 （湖、库0.1）	≤0.4 （湖、库0.2）
总氮（湖、库，以N计）（毫克/升）	≤0.2	≤0.5	≤1.0	≤1.5	≤2.0
铜（毫克/升）	≤0.01	≤1.0	≤1.0	≤1.0	≤1.0

（续）

基本项目	分类				
	Ⅰ类	Ⅱ类	Ⅲ类	Ⅳ类	Ⅴ类
锌（毫克/升）	≤0.05	≤1.0	≤1.0	≤2.0	≤2.0
氟化物（以F^-计）（毫克/升）	≤1.0	≤1.0	≤1.0	≤1.5	≤1.5
硒（毫克/升）	≤0.01	≤0.01	≤0.01	≤0.02	≤0.02
砷（毫克/升）	≤0.05	≤0.05	≤0.05	≤0.1	≤0.1
汞（毫克/升）	≤0.000 05	≤0.000 05	≤0.000 1	≤0.001	≤0.001
镉（毫克/升）	≤0.001	≤0.005	≤0.005	≤0.005	≤0.01
铬（六价）（毫克/升）	≤0.01	≤0.05	≤0.05	≤0.05	≤0.1
铅（毫克/升）	≤0.01	≤0.01	≤0.05	≤0.05	≤0.1
氰化物（毫克/升）	≤0.005	≤0.05	≤0.2	≤0.2	≤0.2
挥发酚（毫克/升）	≤0.002	≤0.002	≤0.005	≤0.01	≤0.1
石油类（毫克/升）	≤0.05	≤0.05	≤0.05	≤0.5	≤1.0
阴离子表面活性剂（毫克/升）	≤0.2	≤0.2	≤0.2	≤0.3	≤0.3
硫化物（毫克/升）	≤0.05	≤0.1	≤0.2	≤0.5	≤1.0
粪大肠菌群（个/升）	≤200	≤2 000	≤10 000	≤20 000	≤40 000

集中式生活饮用水地表水源地补充项目标准限值见表 2.16。

表 2.16　集中式生活饮用水地表水源地补充项目标准限值

项目	标准限值（毫克/升）
硫酸盐（以SO_4^{2-}计）	250
氯化物（以Cl^-计）	250
硝酸盐（以N计）	10
铁	0.3
锰	0.1

集中式生活饮用水地表水源地特定项目标准限值见表 2.17。

表 2.17　集中式生活饮用水地表水源地特定项目标准限值

单位：毫克/升

序号	项目	标准限值	序号	项目	标准限值
1	三氯甲烷	0.06	3	三溴甲烷	0.1
2	四氯化碳	0.002	4	二氯甲烷	0.02

（续）

序号	项目	标准限值	序号	项目	标准限值
5	1,2-二氯乙烷	0.03	37	2,4,6-三氯苯酚	0.2
6	环氧氯丙烷	0.02	38	五氯酚	0.009
7	氯乙烯	0.005	39	苯胺	0.1
8	1,1-二氯乙烯	0.03	40	联苯胺	0.000 2
9	1,2-二氯乙烯	0.05	41	丙烯酰胺	0.000 5
10	三氯乙烯	0.07	42	丙烯腈	0.1
11	四氯乙烯	0.04	43	邻苯二甲酸二丁酯	0.003
12	氯丁二烯	0.002	44	邻苯二甲酸二（2-乙基己基）酯	0.008
13	六氯丁二烯	0.000 6	45	水合肼	0.01
14	苯乙烯	0.02	46	四乙基铅	0.000 1
15	甲醛	0.9	47	吡啶	0.2
16	乙醛	0.05	48	松节油	0.2
17	丙烯醛	0.1	49	苦味酸	0.5
18	三氯乙醛	0.01	50	丁基黄原酸	0.005
19	苯	0.01	51	活性氯	0.01
20	甲苯	0.7	52	滴滴涕	0.001
21	乙苯	0.3	53	林丹	0.002
22	二甲苯①	0.5	54	环氧七氯	0.000 2
23	异丙苯	0.25	55	对硫磷	0.003
24	氯苯	0.3	56	甲基对硫磷	0.002
25	1,2-二氯苯	1.0	57	马拉硫磷	0.05
26	1,4-二氯苯	0.3	58	乐果	0.08
27	三氯苯②	0.02	59	敌敌畏	0.05
28	四氯苯③	0.02	60	敌百虫	0.05
29	六氯苯	0.05	61	内吸磷	0.03
30	硝基苯	0.017	62	百菌清	0.01
31	二硝基苯④	0.5	63	甲萘威	0.05
32	2,4 二硝基甲苯	0.000 3	64	溴氯菊酯	0.02
33	2,4,6-三硝基甲苯	0.5	65	阿特拉津	0.003
34	硝基氯苯⑤	0.05	66	苯并（a）芘	2.8×10^{-6}
35	2,4-二硝基氯苯	0.5	67	甲基汞	1.0×10^{-6}
36	2,4-二氯苯酚	0.093	68	多氯联苯⑥	2.0×10^{-5}

（续）

序号	项目	标准限值	序号	项目	标准限值
69	微囊藻毒素-LR	0.001	75	锑	0.005
70	黄磷	0.003	76	镍	0.02
71	钼	0.07	77	钡	0.7
72	钴	1.0	78	钒	0.05
73	铍	0.002	79	钛	0.1
74	硼	0.5	80	铊	0.000 1

注：①二甲苯：指对-二甲苯、间-二甲苯、邻-二甲苯。

②三氯苯：指1,2,3-三氯苯、1,2,4-三氯苯、1,3,5-三氯苯。

③四氯苯：指1,2,3,4-四氯苯、1,2,3,5-四氯苯、1,2,4,5-四氯苯。

④二硝基苯：指对-二硝基苯、间-二硝基苯、邻-二硝基苯。

⑤硝基氯苯：指对-硝基氯苯、间-硝基氯苯、邻-硝基氯苯。

⑥多氯联苯：指PCB-1016、PCB-1221、PCB-1232、PCB-1242、PCB-1248、PCB-1254、PCB-1260。

水质评价：地表水环境质量评价应根据应实现的水域功能类别，选取相应类别标准，进行单因子评价，评价结果应说明水质达标情况，超标的应说明超标项目和超标倍数；丰、平、枯水期特征明显的水域，应分水期进行水质评价；集中式生活饮用水地表水源地水质评价的项目应包括表2.15中的基本项目、表2.16中的补充项目以及由县级以上人民政府环境保护行政主管部门从表2.17中选择确定的特定项目。

（4）《地下水质量标准》。为保护和合理开发地下水资源，防止和控制地下水污染，保障人民身体健康，促进经济建设，国土资源部组织修订了《地下水质量标准》（GB/T 14848—2017），经国家质量监督检验检疫总局、国家标准化管理委员会批准发布。

①术语和定义。《地下水质量标准》是地下水勘查评价、开发利用和监督管理的依据。该标准规定了地下水的质量分类，地下水质量监测、评价方法和地下水质量保护，适用于一般地下水，不适用于地下热水、矿水、盐卤水。表2.18是标准中所涉及的专业术语及定义。

表2.18 专业术语和定义

专业术语	定义
地下水质量 (groundwater quality)	地下水的物理、化学和生物性质的总称
常规指标 (regular indices)	反映地下水质量基本状况的指标，包括感官性状及一般化学指标、微生物指标、常见毒理学指标和放射性指标

（续）

专业术语	定义
非常规指标 (non-regular indices)	在常规指标上的拓展，根据地区和时间差异或特殊情况确定的地下水质量指标，反映地下水中所产生的主要质量问题，包括比较少见的无机和有机毒理学指标
人体健康风险 (human health risk)	地下水中各种组分对人体健康产生危害的概率

②地下水质量分类及指标。

地下水质量分类：依据我国地下水质量状况和人体健康风险，参照生活饮用水、工业、农业等用水质量要求，依据各组分含量高低（pH 除外），可将地下水质量分为 5 类：Ⅰ类地下水化学组分含量低，适用于各种用途；Ⅱ类地下水化学组分含量较低，适用于各种用途；Ⅲ类地下水化学组分含量中等，以《生活饮用水卫生标准》(GB 5749—2006) 为依据，主要适用于集中式生活饮用水水源及工农业用水；Ⅳ类地下水化学组分含量较高，以农业和工业用水质量要求以及一定水平的人体健康风险为依据，适用于农业和部分工业用水，适当处理后可作生活饮用水；Ⅴ类地下水化学组分含量高，不宜作为生活饮用水水源，其他用水可根据使用目的选用。

地下水质量分类指标：地下水质量指标分为常规指标和非常规指标，其分类及限值分别见表 2.19 和表 2.20。

表 2.19　地下水质量常规指标及限值

指标	Ⅰ类	Ⅱ类	Ⅲ类	Ⅳ类	Ⅴ类
色（铂钴色度单位）	≤5	≤5	≤15	≤25	>25
嗅和味	无	无	无	无	有
浑浊度（NTU[a]）	≤3	≤3	≤3	≤10	>10
肉眼可见物	无	无	无	无	有
pH	6.5≤pH≤8.5			5.5≤pH<6.5 8.5<pH≤9.0	pH<5.5 pH>9.0
总硬度（以 $CaCO_3$ 计）（毫克/升）	≤150	≤300	≤450	≤650	>650
溶解性总固体（毫克/升）	≤300	≤500	≤1 000	≤2 000	>2 000
硫酸盐（毫克/升）	≤50	≤150	≤250	≤350	>350
氯化物（毫克/升）	≤50	≤150	≤250	≤350	>350
铁（毫克/升）	≤0.1	≤0.2	≤0.3	≤2.0	>2.0
锰（毫克/升）	≤0.05	≤0.05	≤0.10	≤1.50	>1.50
铜（毫克/升）	≤0.01	≤0.05	≤1.00	≤1.50	>1.50

（续）

指标	Ⅰ类	Ⅱ类	Ⅲ类	Ⅳ类	Ⅴ类
锌（毫克/升）	≤0.05	≤0.5	≤1.00	≤5.00	>5.00
铝（毫克/升）	≤0.01	≤0.05	≤0.20	≤0.50	>0.50
挥发性酚类（以苯酚计）（毫克/升）	≤0.001	≤0.001	≤0.002	≤0.01	>0.01
阴离子表面活性剂（毫克/升）	不得检出	≤0.1	≤0.3	≤0.3	>0.3
耗氧量（COD_{Mo}法，以O_2计）（毫克/升）	≤1.0	≤2.0	≤3.0	≤10.0	>10.0
氨氮（以N计）（毫克/升）	≤0.02	≤0.10	≤0.50	≤0.50	>1.50
硫化物（毫克/升）	≤0.005	≤0.01	≤0.02	≤0.10	>0.10
钠（毫克/升）	≤100	≤150	≤200	≤400	>400
微生物指标					
总大肠菌群（MPN[b]/100毫升或CFU[c]/100毫升）	≤3.0	≤3.0	≤3.0	≤100	>100
菌落总数（CFU/毫升）	≤100	≤100	≤100	≤1 000	>1 000
毒理学指标					
亚硝酸盐（以N计）（毫克/升）	≤0.01	≤0.10	≤1.00	≤4.80	>4.80
硝酸盐（以N计）（毫克/升）	≤2.0	≤5.0	≤20.0	≤30.0	>30.0
氰化物（毫克/升）	≤0.001	≤0.01	≤0.05	≤0.1	>0.1
氟化物（毫克/升）	≤1.0	≤1.0	≤1.0	≤2.0	>2.0
碘化物（毫克/升）	≤0.04	≤0.04	≤0.08	≤0.50	>0.50
汞（毫克/升）	≤0.000 1	≤0.000 1	≤0.001	≤0.002	>0.002
砷（毫克/升）	≤0.001	≤0.001	≤0.01	≤0.05	>0.05
硒（毫克/升）	≤0.01	≤0.01	≤0.01	≤0.1	>0.1
镉（毫克/升）	≤0.000 1	≤0.001	≤0.005	≤0.01	>0.01
铬（六价）（毫克/升）	≤0.005	≤0.01	≤0.05	≤0.10	>0.10
铅（毫克/升）	≤0.005	≤0.005	≤0.01	≤0.10	>0.10
三氯甲烷（微克/升）	≤0.5	≤6	≤60	≤300	>300
四氯化碳（微克/升）	≤0.5	≤0.5	≤2.0	≤50.0	>50.0
苯（微克/升）	≤0.5	≤1.0	≤10.0	≤120	>120
甲苯（微克/升）	≤0.5	≤140	≤700	≤1 400	>1 400
放射性指标[d]					
总α放射性（贝可/升）	≤0.1	≤0.1	≤0.5	>0.5	>0.5
总β放射性（贝可/升）	≤0.1	≤1.0	≤1.0	>1.0	>1.0

[a] NTU为放射浊度单位。

[b] MPN表示最可能数。

[c] CFU表示菌落形成单位。

[d] 放射性指标超过指导值，应进行核素分析和评价。

表 2.20　地下水质量非常规指标及限制

指标	Ⅰ类	Ⅱ类	Ⅲ类	Ⅳ类	Ⅴ类
毒理学指标					
铍（毫克/升）	≤0.000 1	≤0.000 1	≤0.002	≤0.06	>0.06
硼（毫克/升）	≤0.02	≤0.10	≤0.50	≤2.00	>2.00
锑（毫克/升）	≤0.000 1	≤0.000 5	≤0.005	≤0.01	>0.01
钡（毫克/升）	≤0.01	≤0.10	≤0.70	≤4.00	>4.00
镍（毫克/升）	≤0.002	≤0.002	≤0.02	≤0.10	>0.10
钴（毫克/升）	≤0.005	≤0.005	≤0.05	≤0.10	>0.10
钼（毫克/升）	≤0.001	≤0.01	≤0.07	≤0.15	>0.15
银（毫克/升）	≤0.001	≤0.01	≤0.05	≤0.10	>0.10
铊（毫克/升）	≤0.000 1	≤0.000 1	≤0.000 1	≤0.001	>0.001
二氯甲烷（微克/升）	≤1	≤2	≤20	≤500	>500
1,2-二氯乙烷（微克/升）	≤0.5	≤3.0	≤30.0	≤40.0	>40.0
1,1,1-三氯乙烷（微克/升）	≤0.5	≤400	≤2 000	≤4 000	>4 000
1,1,2-三氯乙烷（微克/升）	≤0.5	≤0.5	≤5.0	≤60.0	>60.0
1,2-二氯丙烷（微克/升）	≤0.5	≤0.5	≤5.0	≤60.0	>60.0
三溴甲烷（微克/升）	≤0.5	≤10.0	≤100	≤800	>800
氯乙烯（微克/升）	≤0.5	≤0.5	≤5.0	≤90.0	>90.0
1,1-二氯乙烯（微克/升）	≤0.5	≤3.0	≤30.0	≤60.0	>60.0
1,2-二氯乙烯（微克/升）	≤0.5	≤5.0	≤50.0	≤60.0	>60.0
三氯乙烯（微克/升）	≤0.5	≤7.0	≤70.0	≤210	>210
四氯乙烯（微克/升）	≤0.5	≤4.0	≤40.0	≤300	>300
氯苯（微克/升）	≤0.5	≤60.0	≤300	≤600	>600
邻二氯苯（微克/升）	≤0.5	≤200	≤1 000	≤2 000	>2 000
对二氯苯（微克/升）	≤0.5	≤30.0	≤300	≤600	>600
三氯苯（总量）（微克/升）[a]	≤0.5	≤4.0	≤20.0	≤180	>180
乙苯（微克/升）	<0.5	≤30.0	≤300	≤600	>600
二甲苯（总量）（微克/升）[b]	≤0.5	≤100	≤500	≤1 000	>1 000
苯乙烯（微克/升）	≤0.5	≤2.0	≤20.0	≤40.0	>40.0
2,4-二硝基甲苯（微克/升）	≤0.1	≤0.5	≤5.0	≤60.0	>60.0
2,6-二硝基甲苯（微克/升）	<0.1	≤0.5	≤5.0	≤30.0	>30.0

（续）

指标	Ⅰ类	Ⅱ类	Ⅲ类	Ⅳ类	Ⅴ类
萘（微克/升）	≤1	≤10	≤100	≤600	>600
蒽（微克/升）	≤1	≤360	≤1 800	≤3 600	>3 600
荧蒽（微克/升）	≤1	≤50	≤240	≤480	>480
苯并（b）荧蒽（微克/升）	≤0.1	≤0.4	≤4.0	≤8.0	>8.0
苯并（a）芘（微克/升）	≤0.002	≤0.002	≤0.01	≤0.50	>0.50
多氯联苯（总量）（微克/升）[c]	≤0.05	≤0.05	≤0.50	≤10.0	>10.0
邻苯二甲酸二（2-乙基己基）酯（微克/升）	≤3	≤3	≤8.0	≤300	>300
2,4,6-三氯酚（微克/升）	≤0.05	≤20.0	≤200	≤300	>300
五氯酚（微克/升）	≤0.05	≤0.90	≤9.0	≤18.0	>18.0
六六六（总量）（微克/升）[d]	≤0.01	≤0.50	≤5.00	≤300	>300
γ-六六六（林丹）（微克/升）	≤0.01	≤0.20	≤2.00	≤150	>150
滴滴涕（总量）（微克/升）[e]	≤0.01	≤0.10	≤1.00	≤2.00	>2.00
六氯苯（微克/升）	≤0.01	≤0.10	≤100	≤2.00	>2.00
七氯（微克/升）	≤0.01	≤0.04	≤0.40	≤0.80	>0.80
2,4-滴（微克/升）	≤0.1	≤6.0	≤30.0	≤150	>150
克百威（微克/升）	≤0.05	≤1.40	≤7.00	≤14.0	>14.0
涕灭威（微克/升）	≤0.05	≤0.60	≤3.00	≤30.0	>30.0
敌敌畏（微克/升）	≤0.05	≤0.10	≤1.00	≤2.00	>2.00
甲基对硫磷（微克/升）	≤0.05	≤4.00	≤20.0	≤40.0	>40.0
马拉硫磷（微克/升）	≤0.05	≤25.0	≤250	≤500	>500
乐果（微克/升）	≤0.05	≤16.0	≤80.0	≤160	>160
毒死蜱（微克/升）	≤0.05	≤6.00	≤30.0	≤60.0	>60.0
百菌清（微克/升）	≤0.05	≤1.00	≤10.0	≤150	>150
莠去津（微克/升）	≤0.05	≤0.40	≤2.00	≤600	>600
草甘膦（微克/升）	≤0.1	≤140	≤700	≤1 400	>1 400

[a] 三氯苯（总量）1,2,3-三氯苯、1,2,4-三氯苯、1,3,5-三氯苯3种异构体加和。

[b] 二甲苯（总量）为邻二甲苯、间二甲苯、对二甲苯3种异构体加和。

[c] 多氯联苯（总量）为PCB28、PCB52、PCB101、PCB118、PCB138、PCB153、PCB180、PCB194和PCE206这9种多氯联苯单体加和。

[d] 六六六（总量）为α-六六六、β-六六六、γ-六六六、δ-六六六4种异构体加和。

[e] 滴滴涕（总量）为*o*，*p*′-滴滴涕、*p*，*p*′-滴滴伊、*p*，*p*′-滴滴滴、*p*，*p*′-滴滴涕4种异构体加和。

2.3.2.4 水源地水量安全

（1）评价体系。饮用水水源地水量安全评价指标分为目标层和指标层两个层次，目标层反映水量是否满足水源设计水量要求，指标层反映水源地水量安全的具体因子。

（2）评价指标。见表 2.21、表 2.22。

表 2.21 地表水饮用水水源地安全评价指标

目标层	指标层
水量安全	工程供水能力：现状综合生活供水量/设计综合生活供水量×100%，反映取水工程的运行状况 枯水年来水量保证率：表征水源地来水量的变化情况 河道：2004 水平年枯水流量/设计枯水流量×100% 湖库：现状水平年枯水年来水量/设计枯水年来水量×100%

注：现状综合生活供水量、河道2004水平年枯水流量、河道设计枯水流量、湖库现状水平年枯水年来水量、湖库设计枯水年来水量采用《全国城市饮用水水源地安全保障规划技术大纲》调查表 4.1 填报的数据；设计综合生活供水量＝水源设计供水量－设计工业供水量－设计农业供水量，根据《技术大纲》调查表填报的数据计算。

表 2.22 地下水饮用水水源地安全评价指标

目标层	指标层
水量安全	工程供水能力：现状综合生活供水量/设计综合生活供水量×100%，反映取水工程的运行情况 地下水开采率：实际供水量/可开采量，表征地下水水量保证程度

关于工程供水能力说明：①现状综合生活供水量由于供水工程原因造成供水不足，其计算结果参与安全指标评价；②由于现状用水量未达到原设计水量或由于节水而减少现状综合供水量，其评价指数取 1，同时其富余水量参与优化配置方案；③若暂无现状综合生活供水量或设计综合生活供水量数据，工程供水能力可采用现状城市供水量/设计城市供水量×100%。

（3）评价标准。

①标准的制定。评价标准的制定依据：一是属于严格控制且已有国家标准的指标，直接采用国家标准；二是有关发展规划值、考核指标，参考有关行业标准或借鉴其他国家指标确定；三是根据理论分析并结合典型地区的现状特征来确定；四是通过专家决策确定城市水源地安全的评价指数。

②各类型水源地的安全评价指标、指数及标准。城市饮用水水源地安全评价指标以安全性指数 1、2、3、4、5 五级表达，各类型水源地的安全评价指标、指数及标准见表 2.23、表 2.24。

表 2.23　地表水饮用水水源地安全评价指标、指数及标准

目标	评价指标	评价指数及标准				
		1	2	3	4	5
水量	工程供水能力（%）	≥95	≥90	≥80	≥70	<70
	枯水年来水量保证率（%）	≥97	≥95	≥90	≥85	<85

表 2.24　地下饮用水水源地安全评价指标、指数及标准

目标	评价指标	评价指数及标准				
		1	2	3	4	5
水量	工程供水能力（%）	≥95	≥90	≥80	≥70	<70
	地下水开采率（%）	<85	≤100	≤115	≤130	>130

2.4　国外饮用水水源地保护经验及启示

虽然许多发达国家都经历过大面积水污染，但通过系统治理，这一问题已得到成功解决。水资源破坏是工业化和城市化进程中经常出现的问题。从本质上讲，水资源保护问题是发展与保护的矛盾关系问题，它在发展中产生，也能够在发展中得到解决。国外发达国家在水源地保护区、水质安全绿色管理等方面已具备良好经验，其长期实践形成的诸多法律、政策及技术框架很有启发意义。

2.4.1　完备的水源保护和管理法律制度

美国在1974年制定了《安全饮用水法》，与《清洁水法》一起构成饮用水水源管理的法律依据。《清洁水法》规定了包括水源地在内的各州所有水体环境应达到的最低要求。《安全饮用水法》规定了饮用水水源评估、水源保护区、应急管理等制度，并授权美国国家环境保护局负责饮用水安全事务，对违反饮用水水源地保护相关规定的行为进行严厉惩处，迫使污染物排放者主动守法。

日本饮用水水源保护法律体系包括《河川法》《公害对策基本法》《水质污染防治法》等，形成了饮用水水源水质标准制度、水质监测制度、水源地经济补偿制度、紧急处置制度等系统的规范。1994年，日本还专门制定了《水道水源水域的水质保全特别措施法》以及促进水道原水水质保全事业实施的法律。

德国制定了《水管理法》，先后颁布《地下水水源保护区条例》《水库水水源保护区条例》《湖水水源保护区条例》。地方政府参照上述法律法规，因地制宜划定水源保护区，制定保护措施。在违法责任方面，德国《水管理法》规定，水污染危害他人生命，造成重大损失，处以不超过5年的监禁，未遂者也应受到惩处。由于过失造成危害，也要处以不超过3年的监禁或罚款。

2.4.2 健全的饮用水水源地管理体制

美国制定了健全有效的饮用水环境赔偿制度，在上游和下游国家间或用水地区和清洁水用户之间，达成了环境赔偿协议，以解决相关利益冲突。例如，纽约的大多数饮用水水源来自距离城市200公里的德拉维尔州乡村。1992年，纽约市政府与农民和取水区的森林经营者签订了一项协议，规定农民和森林经营者在采取“最佳生产模式”（降低对水质影响）下可以获得400万美元补偿金，美国还可将最接近水源的土地购买收归国有，以达到保护目的。

日本在水资源管理方面建立了完善的分工与合作制度，主要特点是多部门劳动分工。日本水管理的基本特征是多部门分工。国土交通省下设水管理国土保全局，负责全国水资源规划、开发、利用工作，并直接负责一级河川管理，环境省水和大气环境局负责水质保护工作。用水则根据用途不同确定管理部门，生活用水、农业用水、工业供水和水力发电分别由厚生劳动省、农林水产省和经济产业省负责。几个机构各司其职，并通过联席会等形式加强交流与协作，制定综合性政策。地方都、道、府、县也设有相应管理机构。日本还建立有健全的饮用水水源监测制度，《水质污染防治法》规定，都、道、府、县知事必须对公用水域的水源水质污染状况进行经常性监测。其他国家机关和地方公共团体也可进行水源水质测定，并应将测定结果报送知事。每年地方政府制定一轮水源水质监测计划并进行监测。另外，建设省根据都、道、府、县知事的监测计划，从河流管理者利益出发，对各水系水质污染状况实施水质例行监测。

德国有严格的水源保护区划分制度和严格的程序，经过长期实践，在水源保护区管理方面形成了一系列规范，具有国际领先水平。截至目前，德国已建立近2万个饮用水源保护区。水源保护分为Ⅰ级区、Ⅱ级区和Ⅲ级区，每一级保护区内部再划出2～3个分区。在水质保护的基本要求下，水源保护区的面积应尽可能小，以减少对经济发展的影响。法律规定了严格的保护区设立程序，特别强调向社会公布保护区规划方案，最终规划由有关部门调解水厂与受害人之间的利益冲突后确定。德国在水源保护方面也有完善的国际合作机制。德国的许多河流和湖泊是国际水体，水资源与邻国共享。因此，德国非常重视水源保护方面的国际合作。国际保护莱茵河委员会成立于1950年，成员包括德国、法国、荷兰、瑞士和卢森堡。20世纪70年代以来，该委员会起草了应对莱茵河严重污染的国际条约，确定了莱茵河污染物排放标准。德国还建立了跨国生态补偿机制。为应对易北河水质持续下降的问题，德国向上游捷克提供了一定资金，用于在两国边境地区建设污水处理厂。

2.4.3 完善的地下饮用水源保护制度

美国国家环境保护局较早实施了地下水资源保护计划，包括井口保护计划、唯一水源含水层保护计划和地下水注入控制计划。井口保护计划包括保护区的划定、污染源清单的确定、应急预案和水源管理。唯一水源含水层是指没有替代水源的，并提供50%以上服务区饮用水安全的含水层。一旦被确定为唯一水源含水层，该水体所涉及地区的一些具体项目就需要美国国家环境保护局进行专门审查。唯一水源含水层保护计划旨在规范80多万口注入井的建设和运行，以处理各种废物，并保护地下饮用水源不受污染。

地下水作为水资源是维持日本人民生命不可或缺的基础，日本许多法律都涉及对地下水保护的规定，地下水长期存在的法律为水政策设定了全面的愿景和方向。为了进行有效的地下水保护管理，需要保障地下水平衡，通过人类活动阐明水机制，及时了解地下水质量和地下水位等条件。日本地下水保护，通过有效的行政计划，制定全面的地下水保护措施，并与乡镇和企业合作，促进建立执行该计划的完善系统。

德国《水管理法》中规定了关于地下饮用水免受污染和恶化的相关内容，地下水是德国最重要的饮用水资源。德国对地下水保护的目标：必须保护地下水免受污染或避免使其特性发生其他不利变化，并且必须保持其自然状态；地下水的管理必须与自然平衡相协调；加强地下水预防保护，从而全面保护地下水；质量标准是必须规定水质不受影响的限值（低于测试值）。德国还加强对地下水质量系统监测来保护地下水，及时发现质量的不利变化，根据污染的原因制定针对性的补救和避免策略，并及时评估现有保护措施的有效性。

参考文献

董敏，2011. 我国饮用水安全法律保障研究 [D]. 青岛：山东科技大学 .
高凤，2020. 饮用水水源地保护法律制度研究 [D]. 哈尔滨：黑龙江大学 .
楠方，2013. 国外的饮水安全三级屏障 [N]. 中国水利报，08-01 (008) .
倪艳芳，滕志坤，2019. 饮用水源环境保护法律法规文件汇编 [M]. 北京：中国环境出版社 .
任世丹，杜群，2009. 国外生态补偿制度的实践 [J]. 环境经济 (11)：34-39.
宋亮，2020. 农村水源地保护存在的问题及改善对策 [J]. 资源节约与环保 (2)：126.
唐香玉，2015. 饮用水水质标准修订完善及实施管理研究 [D]. 沈阳：沈阳建筑大学 .
万晓明，2005. 水资源可持续利用标准体系研究 [D]. 南京：河海大学 .
王曦，1992. 美国环境法概论 [M]. 武汉：武汉大学出版社 .
温竹青，陈祥义，李霞，2018. 面对欧盟高标准，德国怎么达标？——德国地表水生态环境现状及其整治行动分析［J］. 中国生态文明（4）：89－91.
文伯屏，1983. 论水污染防治的立法［J］. 法学评论（2）：53－61.
席北斗，霍守亮，陈奇，等，2011. 美国水质标准体系及其对我国水环境保护的启示［J］. 环境科学与技术，34（5）：100－103、120.
徐运平，2001.《外国环境法选编》出版发行［N］. 人民日报，02－20（006）.
袁弘任，吴国平，2002. 水资源保护及其立法［M］. 北京：中国水利水电出版社.
张李玲，佟洪金，廖瑞雪，等，2019. 四川省城市集中式饮用水水源保护对策［J］. 四川环境，38（3）：26－29.
张旭辉，1987. 联邦德国水质标准简介［J］. 环境科学动态（5）：12－18.
郑丙辉，张远，付青，2007. 中国城市饮用水源地环境问题与对策［J］. 中国建设信息（水工业市场）（10）：31－35.
Richard J，Lazaurs，2004. The making of environmental law［M］. Chicago：The University of Chicago Press.

3 水源地保护的人文环境

3.1 政策法律环境

3.1.1 水源地保护相关法律法规

水资源在人类的生产和生活中扮演着重要的角色。近年来，由于水资源浪费和水源地污染加剧，全球正面临着严峻的饮用水水资源环境问题。我国人均水资源量只有世界人均占有量的1/4，水资源严重匮乏。人多水少、水资源时空分布不均是我国的基本国情和水情。随着经济的发展、人口的增加，不少地区水源短缺加剧，部分城市饮用水水源污染严重，居民生活饮用水安全受到威胁。如何获得充足且安全的水资源，成为越来越关切的问题。我国不断完善水源地保护的相关法律制度，加强对饮用水水源地的保护（曾鹏，2018）。

3.1.1.1 国家法律

目前，我国已经制定了一系列与水资源保护相关的法律，如《环境保护法》《水法》《水污染防治法》《刑法》《传染病防治法》《水土保持法》等。这些法律为水源地保护提供了支撑，具体情况见表3.1。

表3.1 水资源保护相关法律

法律名称	首次颁布时间	修订（修正）时间	相关法律条款
刑法	1979年7月1日	1997年3月4日	第三百三十条、第三百三十八条
水污染防治法	1984年5月11日	2008年2月28日、2017年6月27日	第三条、第五条、第六条、第八条、第十三条、第十五条、第十六条、第十七条、第六十三条、第六十四条、第六十五条、第六十六条
水法	1988年1月21日	2002年8月29日、2009年8月27日、2016年7月2日	第三十条、第三十一条、第三十三条、第三十四条、第三十五条、第三十六条、第三十七条、第六十七条
传染病防治法	1989年2月21日	2004年8月28日、2013年6月29日	第十四条、第二十九条、第四十二条、第五十五条
环境保护法	1989年12月26日	2014年4月24日	第二十条、第二十九条、第三十二条、第五十条
水土保持法	1991年6月29日	2010年12月25日	第三十一条、第三十六条

《刑法》中第三百三十条和第三百三十八条都明确规定对不符合饮用水水源卫生标准及在饮用水水源保护区和重要江河、湖泊违反国家规定排放污染物的行为进行刑事处罚。

《水污染防治法》在2018年修订中专门增设第五章“饮用水水源和其他特殊水体保护”，不仅明确指出饮用水水源其实是水体的一种，明确了饮用水水源的本质，还对各级水源保护区划分和保护措施进行了规定，并进一步明确了行政机关的环境责任。其中，第三条水污染防治应当坚持预防为主、防治结合、综合治理的原则，优先保护饮用水水源，严格控制工业污染、城镇生活污染，防治农业面源污染，积极推进生态治理工程建设，预防、控制和减少水环境污染和生态破坏；第五条省、市、县、乡建立河长制，分级分段组织领导本行政区域内江河、湖泊的水资源保护、水域岸线管理、水污染防治、水环境治理等工作；第六条国家实行水环境保护目标责任制和考核评价制度，将水环境保护目标完成情况作为对地方人民政府及其负责人考核评价的内容；第八条国家通过财政转移支付等方式，建立健全对位于饮用水水源保护区区域和江河、湖泊、水库上游地区的水环境生态保护补偿机制；第十三条国务院环境保护主管部门会同国务院水行政主管部门和有关省、自治区、直辖市人民政府，可以根据国家确定的重要江河、湖泊流域水体的使用功能以及有关地区的经济、技术条件，确定该重要江河、湖泊流域的省界水体适用的水环境质量标准，报国务院批准后施行；第十五条国务院环境保护主管部门和省、自治区、直辖市人民政府，应当根据水污染防治的要求和国家或者地方的经济、技术条件，适时修订水环境质量标准和水污染物排放标准；第十六条防治水污染应当按流域或者按区域进行统一规划。国家确定的重要江河、湖泊的流域水污染防治规划，由国务院环境保护主管部门会同国务院经济综合宏观调控、水行政等部门和有关省、自治区、直辖市人民政府编制，报国务院批准；第十七条有关市、县级人民政府应当按照水污染防治规划确定的水环境质量改善目标的要求，制定限期达标规划，采取措施按期达标；第六十三条国家建立饮用水水源保护区制度。饮用水水源保护区分为一级保护区和二级保护区，必要时可以在饮用水水源保护区外围划定一定的区域作为准保护区；第六十四条在饮用水水源保护区内，禁止设置排污口；第六十五条禁止在饮用水水源一级保护区内新建、改建、扩建与供水设施和保护水源无关的建设项目，已建成的与供水设施和保护水源无关的建设项目，由县级以上人民政府责令拆除或者关闭；第六十六条禁止在饮用水水源二级保护区内新建、改建、扩建排放污染物的建设项目，已建成的排放污染物的建设项目，由县级以上人民政府责令拆除或者关闭。

《水法》也对水源地保护作了专门规定：第三十条县级以上人民政府水行政主管部门、流域管理机构以及其他有关部门在制定水资源开发、利用规划和调度水资源时，应当注意维持江河的合理流量和湖泊、水库以及地下水的合理水位，维护水体的自然净化能力。第三十一条从事水资源开发、利用、节约、保护和防治水害等水事活动，应当遵守经批准的规划，因违反规划造成江河和湖泊水域使用功能降低、地下水超采、地面沉降、水体污染的，应当承担治理责任。第三十三条明确国家建立饮用水水源保护区制度。省、自治区、直辖市人民政府应当划定饮用水水源保护区，并采取措施，防止水源枯竭和水体污染，保证城乡居民饮用水安全。第三十四条禁止在饮用水水源保护区内设置排污口。在江河、湖泊新建、改建或者扩大排污口，应当经过有管辖权的水行政主管部门或者流域管理机构同意，由环境保护行政主管部门负责对该建设项目的环境影响报告书进行审批。第三十五条从事工程建设，占用农业灌溉水源、灌排工程设施，或者对原有灌溉用水、供水水源有不利影响的，建设单位应当采取相应的补救措施，造成损失的，依法给予补偿。第三十六条在地下水超采地区，县级以上地方人民政府应当采取措施，严格控制开采地下水。在地下水严重超采地区，经省、自治区、直辖市人民政府批准，可以划定地下水禁止开采或者限制开采区。在沿海地区开采地下水，应当经过科学论证，并采取措施，防止地面沉降和海水入侵。第三十七条禁止在江河、湖泊、水库、运河、渠道内弃置、堆放阻碍行洪的物体和种植阻碍行洪的林木及高秆作物，以及禁止在河道管理范围内建设妨碍行洪的建筑物、构筑物以及从事影响河势稳定、危害河岸堤防安全和其他妨碍河道行洪的活动。第六十七条在饮用水水源保护区内设置排污口的，由县级以上地方人民政府责令限期拆除、恢复原状。

《传染病防治法》对饮用水、污水都需要进行无害化处理，饮用水和涉及饮用水卫生安全的产品要符合标准，同时规定对污染饮用水水源的行为应该及时制止。在第十四条规定地方各级人民政府应当有计划地建设和改造公共卫生设施，改善饮用水卫生条件，对污水、污物、粪便进行无害化处置；第二十九条明确用于传染病防治的消毒产品、饮用水供水单位供应的饮用水和涉及饮用水卫生安全的产品，应当符合国家卫生标准和卫生规范，饮用水供水单位从事生产或者供应活动，应当依法取得卫生许可证；第五十五条增加了县级以上地方人民政府的权力，在发现被传染病病原体污染的公共饮用水源、食品以及相关物品，如不及时采取控制措施可能导致传染病传播、流行的，可以采取封闭公共饮用水源、封存食品以及相关物品或者暂停销售的临时控制措施。

《环境保护法》第二十条规定国家建立跨行政区域的重点区域、流域环境污染和生态破坏联合防治协调机制，实行统一规划、统一标准、统一监测、统一的防治措施；第二十九条对水源涵养区的保护进行了专门规定，明确各级人民政府对重要的饮用水水源地要履行专门保护，须严禁对水源地的污染破坏行为；第三十二条国家加强对大气、水、土壤等的保护，建立和完善相应的调查、监测、评估和修复制度；第五十条各级人民政府应当在财政预算中安排资金，支持农村饮用水水源地保护、生活污水和其他废弃物处理、畜禽养殖和屠宰污染防治、土壤污染防治和农村工矿污染治理等环境保护工作。

《水土保持法》第三十一条、第三十六条也凸显了对饮用水水源的重视。其中，第三十六条强调在饮用水水源保护区采取事前预防和事后治理相结合的综合保护措施，减少面源污染，保障饮用水水源安全。在此基础上，我国有望制定一部专门的饮用水水源地保护法律，来加强对饮用水水源地的保护（高凤，2020）。

3.1.1.2 法规和规章

为了保障饮用水水源地保护工作的顺利进行，我国还颁布了数量较多的行政法规与部门规章，具体情况见表 3.2。

表 3.2 水源地保护相关的行政法规和部门规章

名称	首次发布日期	颁布部门
《城市节约用水管理规定》	1988 年 12 月 20 日	建设部
《饮用水水源保护区污染防治管理规定》	1989 年 7 月 10 日	国家环境保护局、卫生部、建设部、水利部、地质矿产部
《城市供水条例》	1994 年 7 月 19 日	国务院
《生活饮用水卫生监督管理办法》	1996 年 7 月 9 日	建设部、卫生部
《城市供水水质管理规定》	2006 年 12 月 26 日	建设部
《水功能区监督管理办法》	2017 年 7 月 24 日	水利部

1988 年在出台的《城市节约用水管理规定》中，国务院授权建设部负责管理城市规划区内的用水和节水规划、地下水的开发、利用和保护。该规定的目的在于加强城市节约用水管理，保护和合理利用水资源，促进国民经济和社会发展。这是第一个由建设部提出并由国务院批准的法规，其制定了实行城市用水和节水规划的具体条款。1989 年《饮用水水源保护区污染防治管理规定》中规定了饮用水水源保护区的划分种类、饮用水地表水源保护区的划分和防护、饮用水地下水源保护区的划分和防护、饮用水水源保护区污染防治的监督管理等，对我国饮用水水源保护具有积极的意义。1994 年发布的《城市供水条例》，在 2018 年和 2020 年分别进行了 2 次修订，明确了县级以上地方人民政府环境保护部门应当会同城市供水行政主管部门、水行政主管部门和卫生行政主管部门等共同划定饮用水水源保护区，在饮用水水源保护区内，禁止一切污染水质的活动。

1996 年施行的《生活饮用水卫生监督管理办法》中强调对饮用水的水源

水质监测和评价要科学合理，做好预防卫生监督工作。这些部门规章和相关规范性文件对加强饮用水水源地的保护，起到了一定的指导性作用。

2006 年出台的《城市供水水质管理规定》强调了加强城市供水水质管理，保障城市供水水质安全，国务院建设主管部门负责全国城市供水水质监督管理工作，将城市供水水质监测体系分为国家和地方两级城市供水水质监测网络，要求城市供水水质应当符合国家有关标准的规定。2017 年，水利部发布《水功能区监督管理办法》的第六条提到水功能区划分为一级区和二级区，加强饮用水水源保护区的水质保护，严格控制排放污染物，在饮用水水源保护区内禁止设置（包括新建、改建、扩大）排污口。

国家从整体上把握制定了一系列的法律法规和规章，地方各级政府为了更好地利用水资源，保护水源地，也制定了符合本地实际情况的水资源管理条例及相关规定，如《重庆市环境保护条例》《安徽省城镇生活饮用水水源环境保护条例》《四川省饮用水水源保护管理条例》《陕西省城市饮用水水源保护区环境保护条例》等（高凤，2020）。

3.1.2 水源地保护相关政策

党中央、国务院一直以来对水源地保护都非常重视，“十二五”和“十三五”期间陆续发布一系列水环境治理相关的政策，具体情况见表 3.3。

表 3.3 水环境治理相关政策

政策名称	发布日期	部门
《国务院办公厅关于加强饮用水安全保障工作的通知》（国办发〔2005〕45 号）	2008 年 3 月 28 日	国务院
《国务院关于实行最严格水资源管理制度的意见》（国发〔2012〕3 号）	2012 年 2 月 15 日	国务院
《国务院关于印发水污染防治行动计划的通知》（国发〔2015〕17 号）	2015 年 4 月 16 日	国务院
《关于加强农村饮用水水源保护工作的指导意见》（环办〔2015〕53 号）	2015 年 6 月 4 日	环境保护部、水利部
《水利部 住房城乡建设部 国家卫生计生委关于进一步加强饮用水水源保护和管理的意见》（水资源〔2016〕462 号）	2016 年 12 月 16 日	水利部
《中共中央国务院关于全面加强生态环境保护坚决打好污染防治攻坚战的意见》（中发〔2018〕17 号）	2018 年 6 月 16 日	国务院

（续）

政策名称	发布日期	部门
《关于进一步开展饮用水水源地环境保护工作的通知》（环执法〔2018〕142号）	2018年11月7日	生态环境部、水利部
《关于推进乡镇及以下集中式饮用水水源地生态环境保护工作的指导意见》（环水体函〔2019〕92号）	2019年8月2日	生态环境部

《国务院办公厅关于加强饮用水安全保障工作的通知》（国办发〔2005〕45号）中特别强调节约用水是全面建设小康社会，构建社会主义和谐社会的主要内容。节约用水是保护饮用水源地最基本的要求，只有切实做到节约用水，才能更好地利用水资源。

《国务院关于实行最严格水资源管理制度的意见》（国发〔2012〕3号）主要目标是确立水资源开发利用控制红线，到2030年全国用水总量控制在7 000亿立方米以内；确立用水效率控制红线，到2030年用水效率达到或接近世界先进水平，万元工业增加值用水量（以2000年不变价计，下同）降低到40立方米以下，农田灌溉水有效利用系数提高到0.6以上；确立水功能区限制纳污红线，到2030年主要污染物入河湖总量控制在水功能区纳污能力范围之内，水功能区水质达标率提高到95%以上。基于以上目标，主要规定了以下内容：①加强水资源开发利用控制红线管理，严格实行用水总量控制。②加强用水效率控制红线管理，全面推进节水型社会建设。③加强水功能区限制纳污红线管理，严格控制入河湖排污总量。④健全水资源监控体制管理，严格推进水资源政策法规体系建设。

《国务院关于印发水污染防治行动计划的通知》（国发〔2015〕17号）要求全面贯彻党的十八大和党的十八届二中、三中、四中全会精神，大力推进生态文明建设，以改善水环境质量为核心，按照"节水优先、空间均衡、系统治理、两手发力"原则，贯彻"安全、清洁、健康"方针，强化源头控制，水陆统筹、河海兼顾，对江河湖海实施分流域、分区域、分阶段科学治理，系统推进水污染防治、水生态保护和水资源管理；坚持政府市场协同，注重改革创新；坚持全面依法推进，实行最严格环保制度；坚持落实各方责任，严格考核问责；坚持全民参与，推动节水洁水人人有责，形成"政府统领、企业施治、市场驱动、公众参与"的水污染防治新机制，实现环境效益、经济效益与社会效益多赢，为建设"蓝天常在、青山常在、绿水常在"的美丽中国而奋斗。其主要目标是到2020年，全国水环境质量得到阶段性改善，污染严重水体较大幅度减少，饮用水安全保障水平持续提升，地下水超采得到严格控制，地下水污染加剧趋势得到初步遏制，近岸海域环境质量稳中趋好，京津冀、长三角、珠三角等区域水生态环境状况有所好转。到2030年，力争全国水环境质量总体改善，水生态系统功能初步恢复。到21世纪中叶，生态环境质量全面改善，生态系统实现良性循环。“打好碧水保卫战”作为落实“生态文明建设”等“五位一体”总体布局、赢得“污染防治攻坚战”、“建设美丽中国”重点规划的任务，被提升至历史性的战略高度，对水环境治理行业的发展起到了良好的指导与促进作用。

《关于加强农村饮用水水源保护工作的指导意见》（环办〔2015〕53号）为贯彻党的十八大和党的十八届二中、三中、四中全会精神，落实《政府工作报告》总体部署，进一步推进农村饮水安全工程建设，加强农村饮用水水源保护工作，按照《水污染防治行动计划》要求，提出农村饮用水水源保护的指导意见：分类推进水源保护区或保护范围划定工作；加强农村饮用水水源规范化建设；健全农村饮水工程及水源保护长效机制；进一步提高认识，认真履行职责、密切配合、协同作战，切实加强农村饮水安全保障工作；切实加强农村饮用水安全、水源保护等相关知识及工作的宣传力度，增强农村居民水源保护意识。

《水利部 住房城乡建设部 国家卫生计生委关于进一步加强饮用水水源保护和管理的意见》（水资源〔2016〕462号）要求提高认识，高度重视；科学规划布局，完善饮用水水源安全保障体系；健全监测体系，严格饮用水水源水质监测；提高监管水平，科学管理饮用水水源；开展饮用水水源保护区清查，严格清理整治；强化落实，开展专项检查行动；强化宣传教育，鼓励公众参与。

《中共中央国务院关于全面加强生态环境保护坚决打好污染防治攻坚战的意见》（中发〔2018〕17号）要求深入实施水污染防治行动计划，扎实推进河长制、湖长制，坚持污染减排和生态扩容两手发力，加快工业、农业、生活污染源和水生态系统整治，保障饮用水安全，消除城市黑臭水体，减少污染严重水体和不达标水体；打好水源地保护攻坚战，加强水源水、出厂水、管网水、末梢水的全过程管理；划定集中式饮用水水源保护区，推进规范化建设；强化南水北调水源地及沿线生态环境保护。深化地下水污染防治；打好农业农村污染治理攻坚战，以建设美丽宜居村庄为导向，持续开展农村人居环境整治行动，实现全国行政村环境整治全覆盖，到2020年，化肥、农药使用量实现零增长；坚持种植和养殖相结合，就地就近消纳利用畜禽养殖废弃物；合理布局水产养殖空间，深入推进水产健康养殖，开展重点江河湖库及重点近岸海域破坏生态环境的养殖方式综合整治。全国畜禽粪污综合利用率达到75%以上，规模养殖场粪污处理设施装备配套率达到95%以上。这些政策的出台为水源地水质安全提供了切实保障。

《关于进一步开展饮用水水源地环境保护工作的通知》（环执法〔2018〕142号）工作目标是推动水源地保护攻坚战向纵深发展，不断完善饮用水水源保护区制度，显著提升饮用水水源地规范化建设水平，全面整治饮用水水源保护区内环境问题，明显提高饮用水水源地风险防控和应急能力，持续改善饮用水水源地环境质量。其主要任务：依法进行划定饮用水水源保护区；设立保护区边界标志；整治保护区内环境违法问题；提升水源地水质监测预警能力；推进水源地周边综合整治。

《关于推进乡镇及以下集中式饮用水水源地生态环境保护工作的指导意见》（环水体函〔2019〕92号）充分认识乡镇及以下集中式饮用水水源保护工作的重要性。饮用水水源保护涉及人民群众的切身利益，各地要提高政治站位，深入贯彻习近平生态文明思想，坚持新发展理念，坚持以人民为中心，坚持从实际出发，将乡镇及以下集中式饮用水水源保护工作摆在优先位置，综合施策，精准发力，加快解决重点、难点问题，确保群众喝上干净水、安全水、放心水。切实加强乡镇及以下集中式饮用水水源保护工作的组织领导。各省份生态环境厅水生态环境处牵头组织本省份集中式饮用水水源保护工作，负责实施方案制订和上报、保护区划定和调整工作，本省份环境监察局负责组织实施饮用水水源保护区环境问题排查整治，委托本省份环境保护科学研究院负责技术支持与指导。各市（州）、县（市、区）政府是乡镇及以下集中式饮用水水源保护工作的责任主体，要把加强乡镇及以下集中式饮用水水源保护工作纳入政府绩效考核，科学制订方案，明确目标任务，细化政策措施，强化经费保障，严格督促考核，层层压紧压实责任，有力有序推进各项工作。

3.1.3　水源地保护行业规范和技术指南

为了保护水资源，我国规定了地表水水源保护区、地下水饮用水水源保护区行业规范和技术指南。《饮用水水源保护区划分技术规范》（HJ 338—2018）规定了地表水饮用水水源保护区、地下水饮用水水源保护区划分基本方法、定界、饮用水水源保护区图件制作和饮用水水源保护区划分技术文件编制的技术要求；《饮用水水源保护区标志技术要求》（HJ/T 433—2016）规定了饮用水水源保护区标志的类型、内容、位置、构造、制作及管理与维护；《污水监测技术规范》（HJ/T 91.1—2019）规定了污水手工监测的监测方案制订，采样点位，监测采样，样品保存、运输和交接，监测项目与分析方法，监测数据处理，质量保证与质量控制等技术要求；《地下水环境监测技术规范》（HJ/T 164—2020）规定了地下水环境监测点布设、环境监测井建设与管理、样品采集与保存、监测项目和分析方法、监测数据处理、质量保证和质量控制以及资料整编等方面的要求；《镇（乡）村给水工程技术规程》（CJJ 123—2008）规定了在乡村做给水工程的具体要求；《集中式饮用水水源编码规范》（HJ 747—2015）规定了饮用水水源环境管理工作中的信息采集、存储、应用和管理。通过制定行业规范和技术指南，使水源地保护越来越规范化，可以更加及时预测到水源地存在的风险，并可以及时通过计划、组织、控制等活动来阻止风险损失的发生。

3.2 社会文化环境

3.2.1 环保意识增强

3.2.1.1 政府层面

我国各级党委、政府和广大领导干部不断加强环境保护意识，切实把环保工作当作全局工作的重中之重，坚持和完善责任制（钟华平等，2017）。针对水污染不断加重的现状，我国生态环境部等政府部门采取一系列积极措施，通过法律规范、行政手段、政府管制等手段加大环保方面的监管和对水污染治理的投入。从“九五”计划开始，环保事业一直受到中央财政的支持。在政府财政的引导下，“九五”到“十三五”期间，对环保事业的投入呈现快速增长的趋势。

随着对水环境保护工作重视程度的增加，国家也大力开展水教育活动。2015 年 6 月，水利部、中宣部、教育部、共青团中央联合印发了《全国水情教育规划（2015—2020 年）》。规划提出，要从水情教育实际需要出发，依托已有各类教育场所和具有水情教育功能的水利设施等，建设一批水情教育基地。规划要求，到 2020 年，形成布局合理、种类齐全、特色鲜明、规模适度的多层级水情教育基地体系。2018 年 10 月，水利部、共青团中央、中国科协三部门联合修订的《国家水情教育基地管理办法》，对总则、基地分类、申报条件、申报与认定、日常管理、基地考核等作出了详细规定。2021 年 2 月 2 日，水利部、共青团中央、中国科协联合公布 29 家单位为第四批国家水情教育基地。至此，国家水情教育基地已经达到 63 家。各基地创新教育活动及实践，都在积极引导公众参与知水、节水、护水、亲水活动，有效增进了公众对我国基本水情的认知，提升了公民水素养。

3.2.1.2 公民层面

21 世纪是一个社会发展快速、信息传播迅速的时代，同时具备信息化、知识化、现代化等特点。随着知识和信息的快速传播，国民环保意识明显增强，环境保护已成为人们普遍关注的热点问题，营造优美、和谐、优雅的环境势在必行。大多数公民对环境状况关注度较高，并且存在对当前的环境状况不满和对环境恶化感到不安的现象。随着环保宣传力度加大、新媒体发展和人民生活水平提高，公民对环境的关注度逐年提高，公民环境危机意识越来越强。因此，在全面建设小康社会阶段，改善环境、提高生活质量成为广大人民群众的重要诉求（朱党生，2011）。随着教育水平的提高和环境保护知识内容的丰富，公民对日常环境保护知识有了进一步了解和认识，对水环境和水源地的保护意识也在不断提升。

3.2.2　水生态文明建设

党的十九大报告将“坚持人与自然和谐共生”作为新时代坚持和发展中国特色社会主义的基本方略之一，将生态文明建设提升到新的高度。水生态文明是生态文明概念的延伸，指人类活动需遵循人水和谐的理念，是一种以实现水资源可持续利用、支撑经济社会和谐发展、保障生态系统良性循环为主体的人水和谐的文化伦理形态（丁立昊等，2017）。积极促进水生态文明建设是保障生态系统、社会经济可持续发展的关键。

首先，自然文明即倡导人与自然和谐相处，水生态文明的核心是“和谐”。人口不断增长，工业、农业、生活用水需要大量水资源补给，然而城市扩展占据了大量耕地、湿地等生态空间，导致水资源耗竭。各大工业迅猛发展给我国经济带来腾飞的发展，但同时也给水生态系统带来极大负荷。所以，在利用水资源的同时，更要推进水资源循环利用，保障水环境系统的完整，促进人与自然的和谐，人类社会才能实现可持续发展。

其次，用水文明是水生态文明建设的重中之重，地球上的资源都是有限的，不是取之不尽、用之不竭的，树立节约用水的观念、增强全民水资源节约意识、提高用水效率是生态文明建设的首要任务。同时，水生态文明建设离不开水生态保护。随着污染程度增加，水的载体湿地在减少，河流、湖泊变得干涸，导致生物多样性损坏。因此，要严格控制污水排放，保障居民用水安全。这也体现了用水文明对水生态文明建设的重要性。

再次，管理文明是水生态文明建设的关键。党的十九届五中全会指出，坚持绿水青山就是金山银山理念，坚持尊重自然、顺应自然、保护自然，坚持从水质保护这个基点出发，破立并举提升现代治理能力。一是强化制度保障，推动水源地保护责任履行到位；二是健全管理体制，合理统筹安排饮用水水源的空间布局、周边产业、安全状况、水质监测、应急预案等内容，全面优化水源布局和供水格局，从根本上保障饮用水水源水量、水质；三是强化水质保护宣传工作，广泛开展政策宣讲，让水质保护成为宣传活动常设内容，提高广大群众水资源、水环境保护意识（何芝健，2020）。

最后，意识文明是水生态文明建设的基础。为了提高公民水环境保护认知程度，2018年首个关于水环境与饮水知识的科普教育基地在北京成立，首创了“水之旅”水生产全流程开放展示科普方式，通过对水源、采集、输送、生产、封装与运输的水生产全流程环节进行展示，将科学知识与水生产实践相结合，基地的成立极大加强了区域水文化建设。另外，为了促进水环境保护领域科技发展，“十四五”期间，不断加快“智慧城市”建设进程，污水处理行业拥有了更为广阔的发展空间，尤其在保护和扩大水资源、节水减排、中水回用、淡化海水、需求管理、社区计划以及公共教育等方面实现了长足发展。

总之，水生态文明是人类在保护水生态系统、实现人水和谐方面的各种物质与精神财富的总和，自然文明、用水文明、管理文明与意识文明都属于水生态文明建设范畴，具体内涵如图3.1所示。

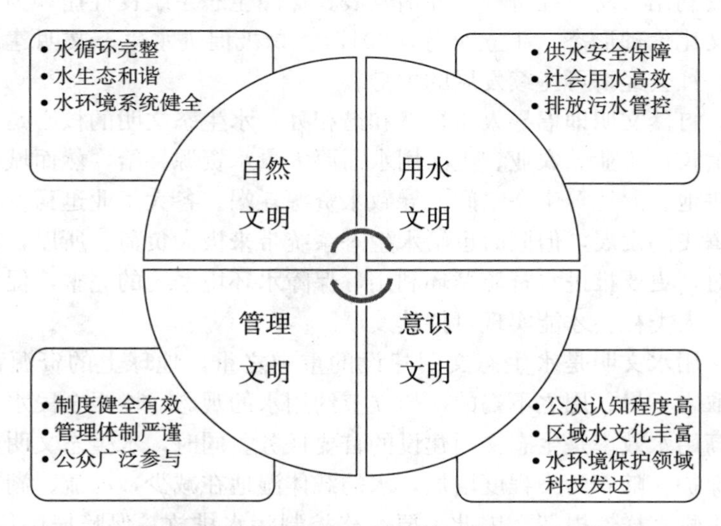

图3.1　水生态文明的内涵（赵钟楠等，2019；贾超等，2018）

3.2.3　城市水文化建设

水是城市灵魂和特色的体现，也是城市文明建设的重要成分。水文化是城市文化的核心要素，京杭大运河、西湖、都江堰等水景观文化在城市建设中发挥着不可取代作用，展现了各个城市独具特色的水文化。在城市建设中融入水文化元素，不仅能激发城市新的生命力，还可以突出城市文化精神力量。城市水文化的建设对于城市的发展有重大的意义。

首先，水文化建设可以反映城市涌动的生命活力。水文化在一定程度上反映社会可持续发展状态的表现，水文化的建设是实现城市高质量发展的优势所在，也是城市全面发展的推动力（张伟，2019）。城市文化建设的关键是传承和弘扬城市水文化特色。例如，都江堰、郑国渠、三峡大坝等水利工程都留下了经典的水文化，体现了水文化的强大力量。在实践中，水文化的建设要实施风格鲜明、文化内涵丰富、效果突出的水文化工程，让水文化景观促进城市的蓬勃发展，为人民提供精神食粮。

其次，水文化建设是城市建设的重要组成部分。水是生命之源，更是城市建设的基础。在长期水事活动中，人民逐渐形成了亲水、治水、防水、保护水的思想理念、风俗习惯和生产生活方式，创造了内涵深厚、源远流长、博大精深的水文化。在城市建设中，水文化具有深厚的文化传统，在增强城市魅力的同时，还可以满足人民群众的精神文化需求。在城市水文化建设中，由于我国城市的水资源并不充足，把生态和水资源的保护放在首位，在污水治理、防洪等实践中，充分利用水资源的生态功能、景观功能和文化功能，最大限度地丰富城市形象和文化内涵，不断提升城市生态品位。

最后，水文化景观是体现良好文化觉醒的重要基础。文化觉醒是文化建设的出发点，对于增强群众的文化认同感和自觉性有非常大的意义。在水文化景观形成的过程中，突出“文化兴水、科学治水、节约用水、和谐亲水”的文化理念，丰富的水文化，不断改变人们的用水习惯，将珍惜水资源、节约用水成为全社会的良好风气和自觉行动。把弘扬时代精神和社会主义核心价值观融入水景观营造当中，让水文化在人们生活、生产中产生更高的社会价值。

总之，水文化是城市发展的构成要素之一，城市发展的基础取决于水文化，要以人与自然和谐共生为基本的原则，将城市水环境整治付诸实践，为了新时代的城市发展，全方位地推进特色水文化建设，完善城市与水、人与自然的关系。

3.3　技术创新环境

3.3.1　信息化技术推动水环境保护发展

3.3.1.1　信息化技术的必要性

信息化技术是数字水务建设的必然要求。随着物联网、云计算、大数据等新兴技术快速发展，信息化发展迈进全新阶段，实现无纸化、数字化和网络化，通过数字化对数据进行有效分析，以满足日益增长的供水压力和日常管理需求。

信息化技术是对水环境保护进行实时监控的需要。为保证工业化和城镇化稳步发展，针对水环境敏感区及主要污染物的监控需要建立实时监控预警体系，加上水环境保护监管对象复杂、范围广泛，按照以往仅仅通过“手工”操作已然无法满足时代发展的现实需求。因此，通过采取信息化技术平台，可以做到对监控对象“自动、实时、在线”实现“全面、及时、准确”的监管需要。

信息化技术是提升水环境保护管理水平的需要。管理者可以利用信息技术研究判断水环境保护管理工作重点和难点，在推进水环境保护管理工作信息化的同时，也便于加大环境信息公开力度、转变部门管理职能、提升管理效率，对于提升水环境保护管理水平具有积极意义。

3.3.1.2　水环境保护信息化技术应用

（1）“3S”技术。“3S”技术主要包括遥感技术、地理信息系统以及全球定位系统，是将空间、地理以及遥感等技术进行有机结合，有效收集与分析目标地区信息的手段，是一种现代信息技术的简称。现阶段，“3S”技术主要应用于水体污染程度监测以及湿地环境监测方面，并取得明显效果。“3S”技术的有效应用不但可以不断提高水质监测工作效率，还可以有机结合信息化以及现代化科研成果，同时对水质进行全方位监测与控制（李光明，2020）。

（2）微生物监测技术。微生物监测技术在水质环境监测工作中发挥了积极作用。微生物作为水环境污染的主要标识物，其群落数量等变化情况能反映被监测水质污染程度。这种监测技术主要应用的微生物包括真菌、细菌以及小型水藻等，在实施过程中将聚氨酯塑料作为基质并对被监测水域中的微生物进行采集，按相应规则和标准对其进行有效计算，并按我国颁布的微生物监测标准进行对比，最后对被监测水域的污染情况进行判断（张杨，2019）。

（3）物联网技术。物联网技术主要借助的是射频识别技术、追踪技术及通信网络新技术等，其在水环境监测工作中最具有代表意义的应用是由 IBM 开发的智慧水管理系列项目。其中，效果最为良好的就是智慧河流项目研究，主要通过在线监测水域全要素，能有效对河流生态系统变化情况及影响作用进行分析（孟庆彬等，2020）。在未来，随着科学技术进步和发展，水环境监测工作可能实现人机互动，水域监测信息实现在线收集与分析，提升物联网技术智能化和现代化。

（4）发光细菌监测技术。现阶段，发光细菌监测技术主要通过生物界细胞发光特征及污染物遗传毒性特征进行监测并充分利用先进水质毒性测定仪监测水域的水质，此种技术的优点在于监测结果获得速度较快且准确性较高（李燕，2021）。将发光细菌监测技术与荧光分析法进行有效结合，可以推动水环境监测工作技术支持，从而为我国水环境治理创造更为广阔的发展空间。

（5）底栖动物和两栖动物监测技术。底栖动物和两栖动物是自然生态环境中存在的较特殊生物，在水环境监测工作过程中可将此种生物作为监测指标，通过指标生物数量变化情况分析被监测水域水质的污染情况。例如，两栖动物在被污染的水域中其生理和行为模式均会出现不同程度变化，可以通过这种变化分析水域水质污染情况（赵薇，2021）。现阶段，该技术主要应用于重金属污染监测中。

3.3.2 技术创新驱动环保发展战略

随着社会进步，新一轮科技革命和产业变革蓄势待发，我们的发展条件、比较优势都发生了深刻变化，必须要加快从要素驱动转向创新驱动，把创新作为引领发展第一动力，把人才作为支撑发展第一资源，加快形成以创新为主要引领和支撑的经济体系与发展模式。

2016年5月，党中央、国务院印发了《国家创新驱动发展战略纲要》强调发展资源高效利用和生态环保技术，建设资源节约型和环境友好型社会，建立现代水资源综合利用体系，开展矿产资源勘探开发与综合利用，发展绿色再制造和资源循环利用产业，建立城镇生活垃圾资源化利用、再生资源回收利用、工业固体废物综合利用等技术体系，完善环境技术管理体系，加强水、大气和土壤污染防治及危险废物处理处置、环境检测与环境应急技术研发应用，提高环境承载能力。党的十八大提出实施创新驱动发展战略，党的十八届五中全会首次提出了“五大发展理念”，置于首位的就是“创新发展”，全会进一步提出：“必须把创新摆在国家发展全局的核心位置，发挥科技创新在全面创新中的引领作用”。习近平总书记在党的十九大报告中再次强调，创新是引领发展的第一动力，是建设现代化经济体系的战略支撑。按照党中央的决策部署，把加快建设创新型国家作为现代化建设全局的战略举措，坚定实施创新驱动发展战略，强化创新第一动力的地位和作用，突出以科技创新引领全面创新，具有重大而深远的意义。

在OECD成员国看来，激活环保产业发展的核心是技术创新，只有通过技术创新才易于克服经济活动所造成的负外部性，易于适应市场对新产品的需求。因此，环保产业越来越成为技术驱动型的产业。从我国水环境保护实际情况来看，为了解决当前和未来水环境污染治理中面临的新领域、新问题，推动水环境保护管理战略转型，迫切需要加快推进技术创新发展。

3.3.3 水环境治理技术创新进展

水处理的关键技术有膜处理技术、污泥生物还原技术、水生态修复技术、地下水污染修复技术等。筛选、开发、研制重金属、石化等行业的高含盐、高COD、高氨氮、低生化性、成分复杂、水质波动大、营养缺失、出水指标高的废水治理技术迫在眉睫。水生态修复技术、地下水污染修复技术、农村环境综合治理技术等民生环保工程和农村环保惠民工程相关技术，都是研究和创新的热点。水生态修复技术和地下水污染修复技术应用于受污染的港湾、江河、湖泊、水库等自然水体，特别是生物控制技术和回收藻类水生植物的厌氧产沼气、发电及制肥的资源化技术；修复设备与仪器的开发使用，特别是地下水中主要污染物的去除方法（物理、化学和生物）、地下水中污染物的监测方法、修复试剂的投放方法、修复效果的评估方法等（尹秀贞，2018）。

随着污水处理设施建设向小城镇和农村扩展，中小型化和分散化造成设施运营管理的分散，因此水处理设施运营的整合是必然发展趋势。随着对环保重视程度的提高，我国提高了污水回用率，再生水处理技术的研发、回用工程和管网建设将有很大的发展空间。

未来，污水处理产业应以膜技术、材料和装备突破为牵引，辅以污泥脱水、固液分离等资源化利用关键技术的突破，集成新一代污水处理产业系统，一体化地解决水污染、水循环利用问题，通过大规模的推广应用，整体上带动我国污水处理产业实现技术体系的跨越式发展（蒋洪强等，2012）。充分发挥技术创新在改善水污染中的作用，积极制定工业企业绿色发展规划，加大对绿色技术创新和环境技术创新的投入，加强技术创新成果在工业化中的应用，实现工业化和环境污染改善的双重目标。

3.3.4　环保产业创新

从产品角度看，环保产业的创新是从创意源泉到产品推向市场的过程，是满足以市场为导向，将创新活动连接起来，实现产品研发、设计、检验、生产、推向市场的过程，是知识、技术转变为利润的过程。水环境技术主要通过技术创新、技术交易和技术实施单个环节对环保产业产生影响。水环境技术创新概括地说，就是“一个从节约资源、避免或减少环境污染的新产品或新工艺的设想产生到市场应用的完整过程，它包括新设想的产生、研究、开发、商业化生产到扩散这样一系列的活动”。水环境技术对环保产业的影响方式主要表现在水环境技术创新主体（从事技术研发的环保科研院所、环保企业研发机构等）、技术创新压力和动力（政府制定的法规、政策、标准、利润等）、技术创新风险（技术风险、环境技术新产品的市场接收程度等）三个方面（蒋洪强等，2012）。

从创新主体角度看，创新链是指围绕某一个创新的核心主体，以满足市场需求为导向，通过知识创新活动将相关的创新参与主体连接起来，以实现知识的经济化过程与创新系统优化目标的功能链节结构模式，是描述一项科技成果从创意的产生到商业化生产销售整个过程的链状结构，主要揭示知识、技术在整个过程中的流动、转化和增值效应，也反映各创新主体在整个过程中的衔接、合作和价值传递关系（蔡坚，2009）。与发达国家相比，我国水技术研发通过水专项等科研项目资金的支持，大多只是实现了初步产品化，而未真正实现产业化和商品化，技术能否真正进入市场，实现转化推广还带有极大不确定性。在技术中试、示范阶段，我国缺少中立的机构从事技术的验证和示范工作，缺乏有效的资金投入渠道，缺少技术验证、演示场地等基础设施，缺少相关工作的人才梯队和技术装备支撑，缺少相关经验和借鉴案例等（高小娟等，2021）。中间链条的缺失成为限制我国水科技成果转化推广的核心问题和瓶颈。

目前，国内环保产业创新链与产业链的融合一般发生在中试及以后。因为中试阶段是产品向市场推广的开始。从价值链角度，研发阶段产生的价值量最大，研发成功后获得的关键技术与产品利润也最高。当然，研发阶段的投入和风险也非常大。目前，一些企业很多已经形成或正在形成从发端就开始的产业链、创新链、价值链的融合。此外，有一些是从市场化产品开始进行融合。未来希望加强与产业链、价值链和创新链从发端的融合，促进环保企业技术创新能力及盈利能力的提升。

参考文献

蔡坚，2009. 产业创新链的内涵与价值实现的机理分析［J］. 技术经济与管理研究（6）：53－55.

丁立昊，张宇，2017. 水生态文明建设的社会参与［J］. 河南水利与南水北调（2）：10－11.

高凤，2020. 饮用水水源地保护法律制度研究［D］. 哈尔滨：黑龙江大学.

高小娟，高嵩，李瑞玲，等，2021. 关于水科技创新组织模式的思考及建议［J］. 中国环保产业（1）：23－27.

何芝健，2020. 扎实推进水源地保护建设［N］. 广西日报，12－08（016）.

贾超，虞未江，李康，等，2018. 水生态文明建设内涵及发展阶段研究［J］. 中国水利（2）：5－7、17.

蒋洪强，张静，2012. 环境技术创新与环保产业发展［J］. 环境保护（15）：31－34.

李光明，2020. 水环境监测信息化新技术的应用分析［J］. 环境与发展，32（4）：132－133.

李燕，2021. 水环境监测中生物监测技术的应用［J］. 节能与环保（3）：92－93.

孟庆彬，蔡文俊，石磊，等，2020. 物联网技术在智慧水务中的应用研究［J］. 电子世界（17）：207－209.

尹秀贞，2018. 地下水污染特征及其修复技术应用探析［J］. 地下水，40（1）：73－75、118.

曾鹏，2018. 我国农村饮用水水源地保护法律制度研究［D］. 重庆：重庆大学.

张伟，2019. 可持续发展视域下城市污水治理能力提升策略［J］. 科技资讯，17（13）：

216－217.
张杨，2019. 水环境监测信息化新技术的应用［J］. 吉林农业（14）：26－27.
赵薇，徐学浩，2021. 水环境治理中生物监测技术运用［J］. 当代化工研究（5）：112－113.
赵钟楠，张越，黄火键，等，2019. 基于问题导向的水生态文明概念与内涵［J］. 水资源保护，35（3）：84－88.
钟华平，吴永祥，李岱远，2017. 水资源管理模式与管理对策探讨［J］. 水利发展研究，17（10）：3－8.
朱党生，2011. 中国城市饮用水安全保障方略［M］. 北京：科学出版社.

4 水源地环境保护典型技术与工程模式

水源地环境保护主要以农业种植、畜禽养殖和农村生活污水所造成的面源污染治理与控制为主要目的。受地理条件、技术、经济限制，大多数农村的污水无法接入城市排水管网，缺乏可用于污水处理设施长效运行的资金和技术。农村生活污水水量小，排放分散，但农村污水成分简单，重金属和有毒物质含量较少，易于资源化利用。氮、磷进入水体是主要污染物，但对于农作物来说，是其生长不可缺少的营养源。选择水源地保护技术时，应针对面源污染和"三农"的特点，优先选择管理简单、运行维护成本低廉的技术。并且，在保证水处理效果的前提下，实现景观化、园林化，保障农村人居环境，降低污水处理对村民生活的影响。种植经济型植物，构建污染净化型农业，实现氮、磷资源化，融入"三农"体系，提高农民维护环境的积极性。

4.1 国外水源地保护典型技术介绍

国外发达国家从20世纪70年代开始重视水源地保护，尤其是针对农村生活污水，经过几十年的探索发展，积累了许多先进的水处理技术经验，包括日本净化槽技术、韩国湿地污水处理系统、美国高效藻类塘技术、澳大利亚"Filter"处理技术、荷兰一体化氧化沟、法国和智利蚯蚓生态滤池等。

4.1.1 日本净化槽技术

日本从1973年开始实施"农村集落排水工程"，在其主管乡镇污水处理技术发展的农村污水处理技术协会的引领下，开发了一系列污水净化处理技术，如净化槽技术、毛细管土壤渗滤处理技术、生态厕所、生物膜技术、微生物浮游技术等，其中以净化槽技术最有代表性。净化槽技术的基本原理是利用土壤和水田对污水自然净化原理，模仿大自然中物质循环过程中的自净功能，通过对落叶、腐朽废木、木炭、石头等自然材料加工作填料，利用微生物吸附和分解污水中有害物质。其实质就是将物理处理和生物处理有机结合。

优点：其占地面积小，能做到污水深度处理。

缺点：较复杂的处理系统使得净化槽建造成本较高。

适用范围：净化槽技术主要在排水管网不能覆盖、污水无法纳入集中设施进行统一处理的偏远地区，或对水质要求较高和经济水平较高的地区使用（唐毅等，2013；许春莲等，2008）。净化槽结构示意图见图 4.1。

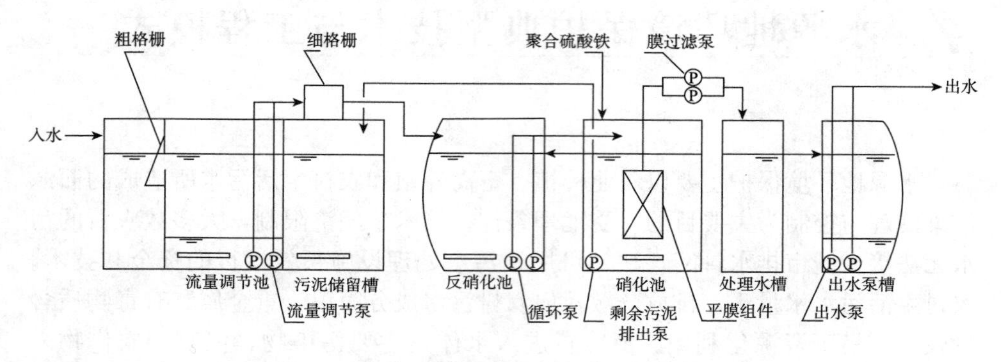

图 4.1 净化槽结构示意图（唐毅等，2013）

4.1.2 韩国湿地污水处理系统

韩国的农业用水在总用水量中占比超 50%，为适应韩国农村居民分散居住的特点以及以价廉、简单、高效为出发点，开发了湿地污水处理系统。其本质是一种土壤-植物系统，通过在湿地上种植对病原体有良好去除效果的芦苇、灯芯草和香蒲等植物，以湿地过滤、土壤吸收或微生物转化的形式将污水中的有害物质无害化。湿地污水处理系统在北美洲、欧洲以及澳大利亚，在我国江苏、浙江、广东等南方地区有广泛应用。

优点：能源消耗少、维护成本低。

缺点：该技术需要大量土地，对土壤和水体的供氧不足，净化效果受气温和植物生长季节影响（孙兴旺，2010）。

适用范围：适用于居民居住分散且土地资源丰富的农村地区。

4.1.3 美国高效藻类塘处理技术

高效藻类塘是由美国加州大学伯克利分校 Oswald 教授提出并发展的一种传统稳定塘的改进形式（Gimez E et al.，1995）。高效藻类塘内存在的菌藻共生体系有着比一般稳定塘更加丰富的生物相，它通过连续搅拌装置促进污水的完全混合、调节塘内 O_2 和 CO_2 的浓度并均衡塘内水温、水质，对有机物、氮和磷均有较好的去除效果（黄翔峰等，2006）。

优点：与过去传统的稳定塘对比，高效藻类塘占地面积比较小，处理污水效率高。此外，其结构简单，建设成本低，维护方便，运转不需大量费用。

缺点：高效藻类塘受环境因素（如光照强度、温度）影响明显，仍需技术研究与完善。

适用范围：适合在土地资源丰富而技术相对落后的农村进行推广。高效藻类塘结构示意图见图 4.2。

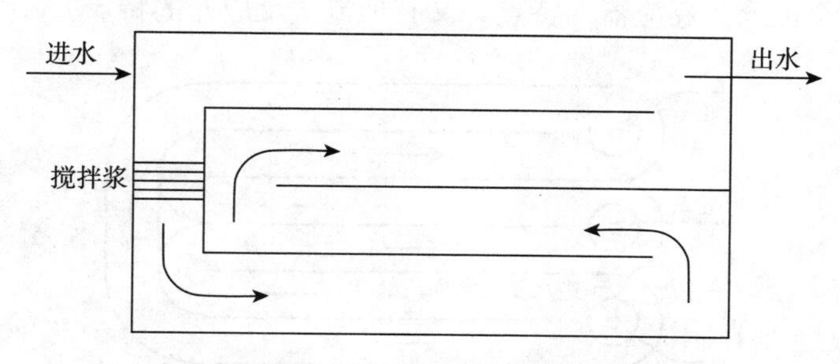

图 4.2 高效藻类塘结构示意图

除高效藻类塘处理技术外，土地处理技术（慢速渗滤、地表漫流和快速渗滤）、用于处理化粪池出水的现场土壤吸收系统也被广泛使用。据统计，目前美国有超过 2 000 万个土壤吸收系统用于就地污水处理。

4.1.4 澳大利亚“Filter”处理技术

澳大利亚在农村污水处理方面也进行了大量探究。该国联邦科学和工业研究组织（Common wealth Scientific and Industrial Research Organization，CSIRO）提出了“Filter”处理技术，这是一种“过滤、土地处理与暗管排水相结合的污水再利用系统”。其目的主要是利用污水进行作物灌溉，通过灌溉土地处理后，再用地下暗管将其汇集和排出（李仰斌等，2008）。该系统实质上是以土地处理系统为基础，结合污水灌溉农作物。污水适宜灌溉生长期长的大田作物（旱作和水稻），而蔬菜等食用作物生长期短，则不宜采用污水灌溉。

优点：“Filter”处理技术对生活污水的处理效果好，运行费用低。

缺点：受作物生长季节的限制，非生长季节作物不灌溉，污水处理系统就不能工作。暗管排水系统一般造价较高，若用于处理生活污水，还需修建控制排水量的泵站，则造价更高，推广应用有一定困难（曾令芳等，2001）。

适用范围：特别适用于土地资源丰富、可以轮作休耕的地区，或是以种植牧草为主的地区。

4.1.5 荷兰一体化氧化沟

氧化沟是 1950 年左右由荷兰工程师发明的一种新的活性污泥方法，氧化沟的曝气池呈封闭的沟渠形，废水及活性污泥的混合液体在这个沟渠中不断地流动，故而被称为“氧化沟”。其实质上是一种活性污泥法的变形，如图 4.3 所示。氧化沟使用定向控制的曝气和搅动装置，向混合液传递水平速度，从而使被搅动的混合液在氧化沟闭合渠道内循环流动。氧化沟具有特殊的水力学流态，既有完全混合式反应器的特点，又有推流式反应器的特点。

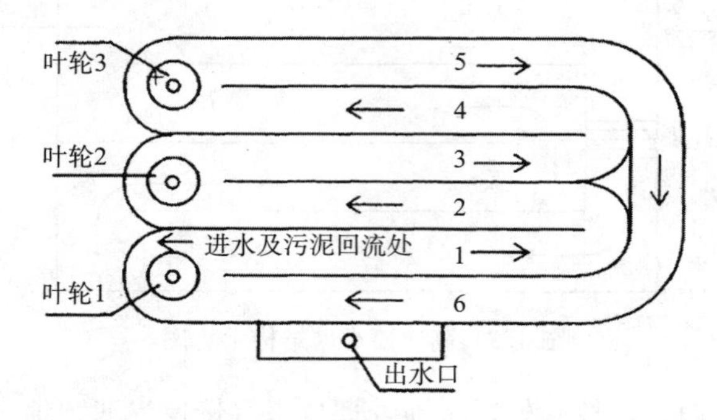

图 4.3　一体化氧化沟结构示意图（叶萍，2014）

优点：①流程短，构筑物和设备少，占地小，能耗低，便于管理；②处理效果稳定，且具有硝化、脱氮的功效；③剩余污泥产生量少，且不需要硝化，污泥性质稳定，易脱水；④固液分离效果比一般二沉池高，污泥回流及时，减少了污泥膨胀；⑤将传统的鼓风曝气改为表面机械曝气（廖秋阳，2010）。

缺点：土地占用面积大，一次性投资成本高。

适用范围：适用于有大量闲置土地且污水处理负荷量大的农村集中村落地区。

4.1.6　法国和智利蚯蚓生态滤池

蚯蚓生态滤池是法国和智利发展起来的一项针对城镇生活污水的处理技术，主要根据蚯蚓能够提高土壤通气透水性能和促进有机物质的分解而设计（梁祝等，2007），其结构示意图见图 4.4。该方法利用蚯蚓在滤床中对污水和污泥中有机物和营养物质的分解和利用、清通滤床堵塞物以及促进含氮物质的硝化与反硝化作用，集物理过滤、吸附、好氧分解和污泥处理等功能于一身（韩润平，2005；胡秀仁，1996）。同时，滤床内少量增殖的蚯蚓可作为农牧业饲料，而产生的蚯蚓粪中含有较丰富的有机物和氮、磷、钾等营养成分，可作为微生物的食料或作为高效农肥和土壤改良剂使用（杨建等，2001）。

优点：具有投资省、处理效率高、管理简单等优点。

缺点：如何长期保持蚯蚓良好的活性，是该技术面临的一个重要问题。另外，对蚯蚓生态滤池处理系统的长期运行效果，尚需检验（杨林章，2013）。

适用范围：适用于城市生活污水、食品污水和农村有机废水的处理。

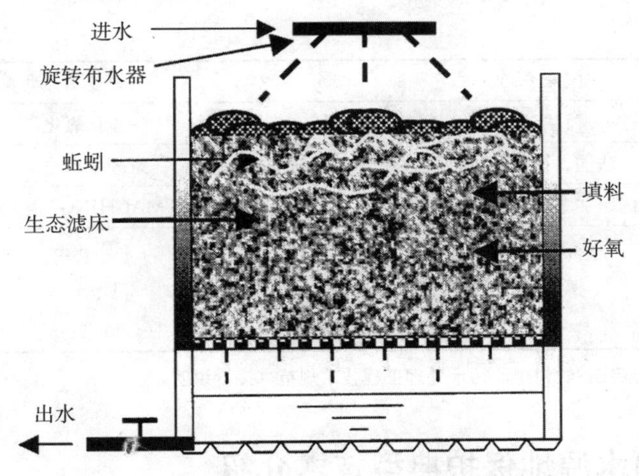

图 4.4 蚯蚓生态滤池结构示意图（郝桂玉等，2004）

4.1.7 国外农村生活污水处理主流技术汇总

德国从 2003 年起开始进行“分散市镇基础设施系统”项目研究，有关技术目前已基本成熟。主要是应用膜反应器技术，即在没有接入排水网上的偏远村庄里建造先进的膜生物反应器，日常生活中将污水和雨水分开收集，后通过膜反应器净化污水。在挪威，居民房屋分布比较分散，很多是建立在岩石上，无法采用土地渗滤进行污水处理，故发展了以间歇式活性污泥法（SBR）、移动床生物膜反应器、生物转盘、滴滤池技术为主，并结合化学絮凝除磷的集成式小型污水净化装置，如 Uponor、BioTrap 和 Biovac 等工艺（H Odegaard，2000）。另外，美国、加拿大、英国等国都有应用的“LIVING MACHING”生态处理技术等（表 4.1）。

表 4.1 国外农村生活污水处理主流技术汇总表

国家	主要技术类型
日本	净化槽技术 毛细管土壤渗滤处理技术 生态厕所 生物膜技术 微生物浮游技术
美国、以色列、摩洛哥、法国、 南非、巴西、比利时、德国、新西兰	高效藻类塘处理技术 土地处理技术
澳大利亚	“Filter”处理技术

（续）

国家	主要技术类型
荷兰	一体化氧化沟
法国、智利	蚯蚓生态滤池
美国、加拿大、英国	“LIVING MACHING”生态处理技术
挪威	Biovac Uponor BioTrap

资料来源：《浙江省农村生活污水处理工程技术规范（编制说明）》。

4.2 国内水源地保护典型技术介绍

水源地生态保护技术主要以农业种植、畜禽养殖和农村生活污水所造成的面源污染治理和控制为主要目的，针对农业农村面源污染的分散性、隐蔽性和不确定性等特点，以源头控制、过程拦截和末端净化为技术开发思路，形成了如种养一体化、人工湿地、生态沟渠和生态廊道等一系列水源地生态保护工程举措，实现可持续、环境友好型农业面源污染治理。

4.2.1 农业种植污染治理技术

国内外学者经过近40年研究，围绕源、流、汇以及三位一体联合应用的不同控制环节，聚焦农田、农业，研究开发了一系列农业污染治理技术（王萌等，2020）。在杨林章等（2013）学者的不断总结下，提出了农业面源污染治理的“4R”控制技术，即源头减量（Reduce）、过程阻断（Retain）、养分再利用（Reuse）和生态修复（Restore）技术，四者之间相辅相成，构成一个完整的技术体系链。保障水源地水质安全。

4.2.1.1 源头减量技术

农业面源污染因其污染源的高度分散性及时空不确定性的特征，使得减少污染物在源头上的发生变得尤为必要（薛利红等，2013），目前的农业面源污染源头减量可通过肥料用量的减少及排水量的减少两种方式实现。

减少肥料用量，可采用基于目标产量和肥料效应函数的氮肥优化技术、按需施肥技术、平衡施肥技术、有机无机配合技术或者缓控释肥技术等，也可通过改变轮作制度等来实现。从源头上减少排水量，则需要对水分进行优化管理：旱地采用水肥一体化技术，水田采用节水灌溉技术，坡耕地采用保护性耕作等技术等。减量技术的应用要兼顾作物产量和经济效益，并结合区域环境特征，因地制宜。

4.2.1.2 生态拦截技术

农业面源污染具有排放路径随机性大、排放区域广泛、量大面广等特点，即使在进行源头减量控制后，仍然难以避免部分污染通过各种排放途径，对下游水体水质造成严重影响。因此，采用生态拦截技术对农业面源污染进行中途拦截，阻断污染物运移途径也是农业面源污染治理技术中的重要一环（施卫明，2013）。目前，生态拦截沟渠技术以其不占地、拦截高效且具有生态景观美化的功能而被大量使用，其他常用的生态拦截技术包括人工湿地技术、稻田消纳技术、生态丁型潜坝拦截技术及前置库技术。各技术介绍如下：

（1）生态拦截沟渠技术。生态拦截沟渠技术是面源污染过程阻断技术中的重要代表，不仅能有效拦截、净化农田污染物，还能汇集处理农村地表径流以及农村生活污水等。该技术主要是通过对现有排水沟渠的生态改造和功能强化，或者额外建设生态工程，利用物理、化学和生物的联合作用对污染物（主要是氮、磷）进行强化净化和深度处理，实现氮、磷的减量化排放或最大化去除。生态拦截沟渠处理单元流程见图 4.5。

图 4.5 生态拦截沟渠处理单元流程

优点：该技术具有不需额外占用耕地、资金投入少、农民易于接受，又能高效阻控农田氮、磷养分流失等特点。

缺点：在实际应用中，生态沟渠对氮、磷的拦截效果时空差异大，如何高效配置沟渠植物及吸附基质等来提高沟渠应对暴雨径流时的拦截效果，以及生态沟渠与农田的适宜配置比例等仍有待进一步研究。

（2）稻田消纳技术。稻田具有双重性：一方面，为保障我国粮食安全，需要使用大量肥料来确保产量，导致氮、磷流失的增加，使稻田成为面源污染发生源；另一方面，稻田是一个天然的人工湿地生态系统，可以被用于面源污水处理（Greenland D J et al.，1998；曹志洪等，2006），成为面源氮、磷和低污染水的汇流消纳场所，起到“汇”的功能。稻田消纳技术示意图见图 4.6。

优点：不占用额外土地，投资成本低。

缺点：对污水浓度有一定要求，高浓度污水直接排入稻田，会破坏农田土壤，导致稻米重金属超标及病虫害等问题，故目前一般将稻田消纳技术与人工湿地联合使用（Sun et al.，2013）。

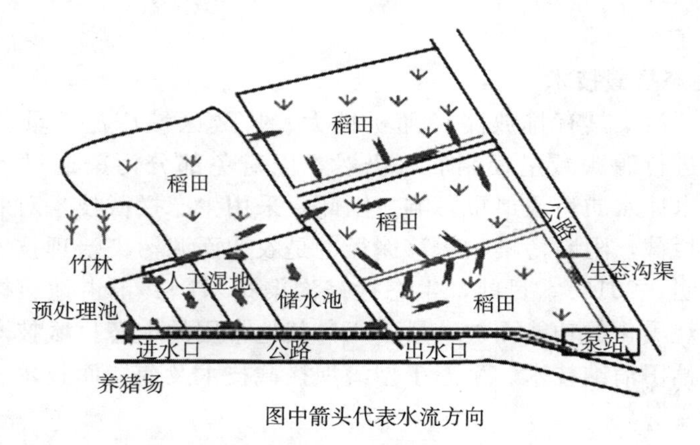

图 4.6　稻田消纳技术示意图（施卫明等，2013）

（3）近河道端的生态丁型潜坝拦截技术。该技术借鉴水利工程中的丁字坝的设计思路，并结合生态浮床、人工湿地的基本原理而开发设计的（图 4.7）。其主要设置在河道支浜承纳污水的端头，作为陆-水界面的交接断面，对进入水体后的面源污染物进行有效拦截。该技术在不影响河流泄洪等功能的前提下，通过在河底设置丁型潜坝，改变河流底部地形，从而在河水通过坝体与浮床间空隙进行流动时，影响水流中污染物的扩散和迁移路径，增加污染物在丁型潜坝前的水力停留时间，利用丁型潜坝沸石基质的吸附、离子交换作用等对污染物进行去除。同时，河底生境条件的改变，促进了实施区域水体内微生物的增殖，提升了微生物的降解作用，能够持续去除污染物；垂直于坝体框架浮床的设置，为实施区域的氧气输送提供了条件，浮床植物根系又促进了坝体范围内微生物的繁衍，在植物生长过程中还吸收部分氮、磷等污染物，可持续拦截与净化河流外源污染。

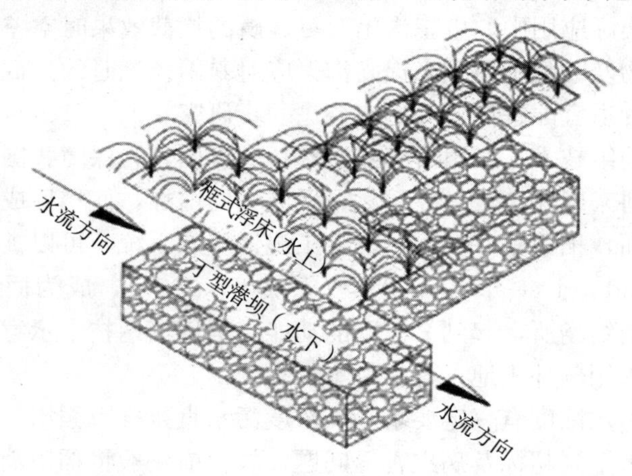

图 4.7　生态丁型潜坝拦截技术示意图（施卫明等，2013）

优点：净化效果全面且较彻底，基本不占用额外的土地。

缺点：一次性投资较大，施工有一定的困难。

（4）前置库技术。20世纪50年代后期，前置库就开始被作为流域面源污染控制的有效技术进行开发研究。前置库技术是利用水库的蓄水功能，将污水截留在水库中，经物理、生物作用强化净化后，排入所要保护水体。前置库这种因地制宜的水污染治理措施，对控制面源污染，减少湖泊外源有机污染负荷，特别是去除入湖地表径流中的氮、磷安全有效，在面源污染治理中发挥了巨大的作用。

优点：净化作用强。

缺点：存在着植被二次污染防治、不同季节水生植被交替和前置库淤积等问题。在实际应用中，还应考虑其净化功能与河流行洪功能的高效有机协调问题。

4.2.1.3　养分再利用技术

农业面源污染已经取代点源成为水环境污染最重要的来源，其主要的污染物为各种途径排放的氮和磷，有效减少氮和磷的排放或循环利用这部分养分，不仅可以减少污染物的排放，也是实现氮、磷养分资源化利用的重要途径。

（1）固体有机肥农田回用技术。以固体畜禽粪便、秸秆等农业废弃物为主要原料，添加微生物发酵菌，经堆制、发酵、粉碎等工艺，达到行业产品质量标准的商品有机肥，不仅肥效好、施用方便，也是规模化处理畜禽粪便的有效方法。但由于有机物料中养分释放缓慢，对于生育期较短的作物，单纯施用有机肥会导致作物减产等问题。

（2）养殖废水和沼液的农田回用技术。养殖场在生产过程中会产生大量固体粪便、动物尿液及冲洗水（Lu J B et al.，2010）。由于其COD、总氮、总磷等含量高（靳红梅等，2011），目前国内外的普遍做法是将其直接还田利用或厌氧发酵后还田。

但因沼液中颗粒物和微生物絮凝体含量较高会堵塞滴灌设备，肥水或沼液中氮、磷浓度过高会伤害植物根系，造成作物减产等问题。因此，需要设置防堵装置，并选用配备前处理装置的沼液滴灌设备（Martines A M et al.，2010；Nyord T et al.，2008）。

（3）秸秆还田技术。秸秆还田技术在减少化肥使用的同时，也避免了秸秆随意丢弃造成水体污染的风险。目前，秸秆还田技术主要包括秸秆直接还田、基于堆肥的秸秆间接还田和基于能源利用的秸秆间接还田。

秸秆直接还田：直接还田是秸秆的主要利用方式。在常见还田作物秸秆中，麦秸还田的比例最大，稻秸次之，玉米秸秆最低（高利伟等，2009）。主要的机械化还田方式有粉碎匀抛还田、整秆还田、覆盖免耕还田等。

基于堆肥的秸秆间接还田：有学者研究发现，植物秸秆常带有作物病菌，直接还田时往往会增加作物病害概率。而采取高温好氧堆肥技术，可以有效杀灭病菌，降低了秸秆直接还田所带来的病害风险（李瑞鹏等，2012）。

基于能源利用的秸秆间接还田：利用作物秸秆为原料或与畜禽粪便混合厌氧发酵生产可再生能源是解决环境污染和生产清洁能源的重要途径之一。通过厌氧发酵的方式可将秸秆转化成可利用的清洁能源——沼气，出料液一般经过固液分离机进行脱水，液体回流进入消化罐再利用，固体则作为肥料使用，此模式适应了现代农村发展的需求，具有良好的经济效益、环境效益和生态效益（韩鲁佳等，2002；吴楠等，2012；史玉红等，2012）。

优点：秸秆还田有效地增加了秸秆的消纳量，降低了秸秆随意丢弃造成水体污染的风险；秸秆直接还田对土壤质量、微生物、作物及农田生态环境有积极的作用（朱普平等，2007；常丽丽等，2011）；利用秸秆自身的有机碳和养分堆制后返还土壤，可以提供给作物生长所必需的养分，减少化肥用量，降低面源污染的风险。

缺点：秸秆直接还田可能会增加作物病害；秸秆堆肥模式是否与常规堆肥一致尚需深入研究。

4.2.1.4 生态修复技术

作为农业面源污染治理的最后一环，农业水环境生态修复技术的实施有十分重要的现实意义。目前常用的修复技术有生态浮床技术、水生植物恢复技术、生态护坡技术。

（1）水生植物恢复技术。结合目标水体现存植被，通过重新设计，全部或局部恢复不同种类水生植物，促进水生态的良性发展，进而实现持续净化和稳定水质的目的。该技术的关键在于物种的筛选、组合以及因地制宜地确定植物的利用方式，以期实现最佳的生态环境效益和经济效益，并兼顾景观效果的目的（宋海亮等，2004）。水生植物恢复应与生态浮床及生态护坡技术相结合，成为连接“4R”中生态拦截与生态修复之间的纽带。

（2）生态护坡技术。该类型技术不是简单的绿化，而是充分考虑生态系统的自我修复能力，将水、河道、堤岸、植被、微生物、水生生物等结合成一个完整的河流生态体系，有着巨大的生态效能。当前，以植物为主体结构的生态护坡技术大体可分为3类：全系列生态护坡、土壤生物工程（Soil bio engineering）以及复合生物稳定技术（陈小华等，2007）。

（3）其他技术。适合农村水体生态修复的技术系统除上述几种类型外，还包括适度清淤、食藻虫引导的生态修复技术等。清淤与农村水体的使用功能密切相关，如鱼塘的清淤、便于农田灌溉的河道清淤等。适度清淤可清理多年沉积的淤泥、沟通水系、改善农村河道的引排条件、提高水体的交换能力、增加河道蓄水量、提高水环境承载能力，从而实现改善水质的目的。

农业种植污染治理技术一览表见表4.2。

表4.2　农业种植污染治理技术一览表

技术大类	技术类别
源头减量	按需施肥技术
	平衡施肥技术
	有机无机配合技术
	缓控释肥技术
	水肥一体化技术
生态拦截技术	生态拦截沟渠技术
	人工湿地技术
	稻田消纳技术
	生态丁型潜坝拦截技术
	前置库技术
养分再利用技术	固体有机肥农田回用技术
	养殖废水和沼液的农田回用技术
	秸秆还田技术
生态修复技术	水生植物恢复技术
	生态护坡技术
	食虫藻引导的生态修复技术

4.2.2　畜禽养殖面源污染治理技术

4.2.2.1　畜禽粪污减量化技术

畜禽养殖业废弃物的“减量化”就是通过适宜的手段减少和减小固体废弃物及污水的数量和容积，使其更适合于收集、运输、储存和处理。“减量化”主要通过生态营养饲料的研制减少畜禽粪便和有害气体排放量，以及采用科学的清粪方式和技术等途径来实现。

（1）污水减量技术。控制畜禽养殖的用水量，实行科学的配水管理措施。将以前的饮水槽饮水改为水龙头饮水，并避免放、流、跑、漏、渗等情况产生的污水，大大减少了畜禽饮水时的浪费。另外，冲洗棚水时节约用水，通过安装水表和确定冲洗水指标来减少冲洗用水。

雨污分离，分流收集处理。将合流制排水系统改建成独立的雨水径流收集排放系统，或在屋面增设雨水天沟，可以防止雨水径流进入污水系统，使雨水和污水分流，降低畜禽污水产生量。

（2）干清粪技术。一般养殖场均采用水冲式清粪方式，这使畜禽粪便与污水形成固液混合，难以分离，处理困难且成本高。而干清粪的工艺是粪便一产生便将其分离，圈舍内铺设漏缝地板，漏缝地板下铺设污水沟，粪尿通过漏缝地板自动分离（陈德涌等，2018）。这种工艺固态粪污含水量低，粪中营养成分损失少、肥料价值高，便于高温堆肥或其他方式的处理利用。产生的污水量少，且其中的污染物含量低，易于净化处理，是目前较理想的清粪工艺。

4.2.2.2 畜禽粪污无害化处理技术

“无害化”就是将废弃物通过工程技术处理，以便不损害人体健康、不污染周围的自然环境（包括原生环境与次生环境）（李建华等，2004）。为了保证粪便还田利用时，作物能最大限度利用粪便养分，最大限度降低对生态环境的污染，畜禽粪便还田利用前必须经过高温堆肥或沼气发酵处理，防止病菌、病毒及寄生虫等病原微生物扩散。畜禽粪便无害化处理系统包括畜禽粪便的收集、运输、储藏、处理和应用。主要分为畜禽粪污固废无害化与畜禽污水无害化两类技术。

4.2.2.3 畜禽粪污资源化技术

（1）作为高效活性有机肥。粪便通过适当的处理可以制作成无公害的活性有机肥，用于绿色农产品的生产，畜禽粪尿是优质肥料，含有丰富的氮、磷、钾和腐殖酸等多种植物营养成分，经干燥或发酵、防霉、除臭、杀菌后，可加工成优质、高效的有机复合肥料。

（2）作为再生动物饲料。粪便中含有较高的营养价值，其中蛋白质以及微量元素含量较多，对畜禽的喂养有重要作用，在经过高温灭菌的过程之后可以制作成饲料。此种饲料的优点主要是投入资金少，收集来源多，重点是不会对环境造成影响，且能够减少用户的成本，增加其经济收益，粪便中所含的氨基酸的容量与饲料中的含量基本相同，所残留的营养成分比较高。

（3）生产动物蛋白。蝇蛆等生物食用粪便中的腐败物质，利用这一特性制造蝇蛆等生物，可以将粪便中的物质转变成蛋白质等物质，同时蝇蛆可以作为饲料喂养。还可以生产蚯蚓，蚯蚓的营养价值更高。但是，因为成本比较高，所以不适用于大规模的制作（王志芳等，2018）。

（4）作为燃料化资源。畜禽粪便经厌氧发酵产生沼气，作为能源来加以利用。沼气是利用人畜粪便等有机物，在厌氧条件下，通过沼气池内微生物能量代谢和呼吸作用产生可燃性气体。采用传统的人畜粪便堆肥方法，这部分能量被微生物分解释放出来，但无法收集利用，只能散失到周围环境中（邓良伟等，2019）。

畜禽粪污处理技术见表 4.3。

表 4.3 畜禽粪污处理技术

技术大类	技术类别
畜禽粪污减量化技术	污水减量技术
	干清粪技术
畜禽粪污无害化处理技术	畜禽粪污固废无害化技术
	畜禽污水无害化技术
畜禽粪污资源化技术	畜禽粪污转有机肥技术
	畜禽粪污转饲料技术
	畜禽粪污燃料化技术
	畜禽粪污转动物蛋白技术

4.2.3 农村生活污水治理技术

从 20 世纪 80 年代开始，我国开始重视农村污水治理的研究。截至目前，我国形成了几种主流的农村生活污水处理的技术模式，即厌氧生物处理技术、自然净化技术、好氧生物处理技术。

4.2.3.1 厌氧生物处理技术①

通过厌氧酸化对污水中大部分有机物进行分解，可去除一定的 COD 和悬浮颗粒物，常见的有传统厌氧消化、厌氧生物滤池等。我国常见的厌氧生物处理工程技术如下：

(1) 生活污水净化沼气池。生活污水净化沼气池是采用厌氧发酵技术与兼性生物过滤技术相结合的方法，在厌氧和兼性厌氧的条件下将生活污水中的有机物分解转化成甲烷、二氧化碳和水，达到净化处理生活污水的目的。其处理工艺流程见图 4.8。

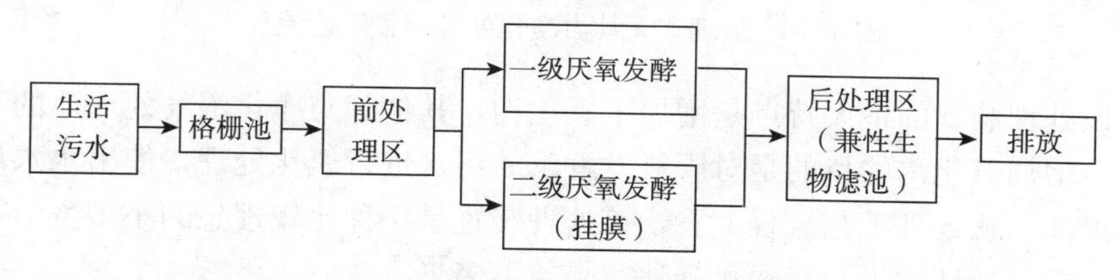

图 4.8 生活污水净化沼气池工艺流程

生活污水沼气净化池在全国大部分农村地区得到了推广。

① 资料来源：《农村生活污水厌氧发酵—人工湿地处理培训技术培训提纲》。

优点：不消耗动力、运行稳定、管理简便、剩余污泥少，还能产沼气供能，建在绿化地下或菜地下，不占地，投资为700～900元/户。

（2）高效生物化粪池（SW型生活污水自净装置）。高效生物化粪池由浙江省某公司生产，在普通化粪池基础上改造所形成。其处理工艺是利用厌氧微生物对有机质发酵、分解作用，达到污水的净化。经过改造的工艺流程见图4.9。

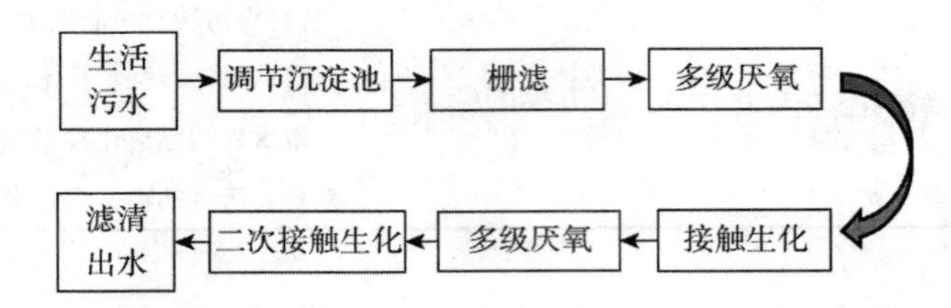

图4.9　高效生物化粪池（SW型生活污水自净装置）工艺流程

生产厂商称其工艺为高效生物化粪池（SW型生活污水自净装置），出水水质达到《综合污水排放标准》的二级排放标准。

优点：安装施工方便、快捷。建在绿化地下，无能源消耗。

缺点：停留时间较长，不定期清掏污泥，造价稍高，接近1 000元/户。

（3）地埋式净化处理装置。地埋式净化处理装置可分为地埋式动力净化处理装置和地埋式无动力净化处理装置，这里介绍的是后者。地埋式无动力净化处理装置是在圆筒型兼性滤池专利的基础上发展而成的，其处理工艺流程见图4.10。

图4.10　地埋式无动力净化处理装置工艺流程

该处理装置的最大特点是增加了氧化沟，其他都与净化沼气处理池的工艺相同。增加氧化沟的目的是对厌氧发酵后的污水进行氧化处理，使出水水质进一步提高。从处理工艺流程上看，该处理装置是一种比较理想的小型生活污水处理装置，处理效果与普通化粪池效果差不多。

优点：建在绿化地下，不占地，抗冲击负荷能力较强（方土，2011）。

缺点：一次性投资相对较大，大大高于化粪池。

适用范围：仅限于污水管网未延伸到的城郊接合部采用。

（4）三格化粪池技术。化粪池是一种利用沉淀和厌氧微生物发酵的原理，以去除粪便污水或其他生活污水中悬浮物、有机物和病原微生物为主要目的的小型污水初级处理设施。

污水通过化粪池的沉淀作用可去除大部分悬浮物（SS），通过微生物的厌氧发酵作用可降解部分有机物（COD、BOD_5），池底沉积的污泥可用作有机肥。通过化粪池的预处理可有效防止管道堵塞，也可有效降低后续处理单元的有机污染负荷。三格化粪池结构示意图见图 4.11。

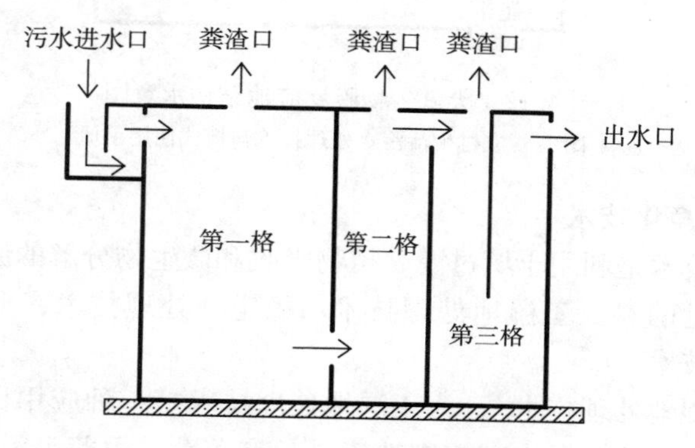

图 4.11　三格化粪池结构示意图

资料来源：《东南地区农村生活污水处理技术指南》。

优点：化粪池具有结构简单、易施工、造价低、维护管理简便、无能耗、运行费用低、卫生效果好等优点。

缺点：沉积污泥多，需定期进行清理；综合效益不高；污水易渗漏；化粪池处理效果有限，出水水质差，一般不能直接排放水体，需经后续好氧生物处理单元或生态技术单元进一步处理。

适用范围：可广泛应用于有冲水条件的农村污水的初级处理，特别适用于厕所的粪便与尿液的预处理。

（5）厌氧生物膜反应池技术。厌氧生物膜反应池是通过在厌氧池内填充生物填料强化厌氧处理效果的一种厌氧生物膜技术。污水中大分子有机物在厌氧生物膜反应池中被分解为小分子有机物，能有效降低后续处理单元的有机污染负荷，有利于提高污染物的去除效果。正常运行时，厌氧生物膜反应池对COD和SS的去除效果一般能达到40%～60%。厌氧生物膜反应池结构示意图见图 4.12。

优点：投资省、施工简单、无动力运行、维护简便；池体埋于地下，其上方可覆土种植植物，美化环境。

缺点：对氮、磷基本无去除效果，出水水质较差，须接后续处理单元进一步处理后才能排放。

适用范围：广泛适用于南方农村地区各区域污水的初级处理。

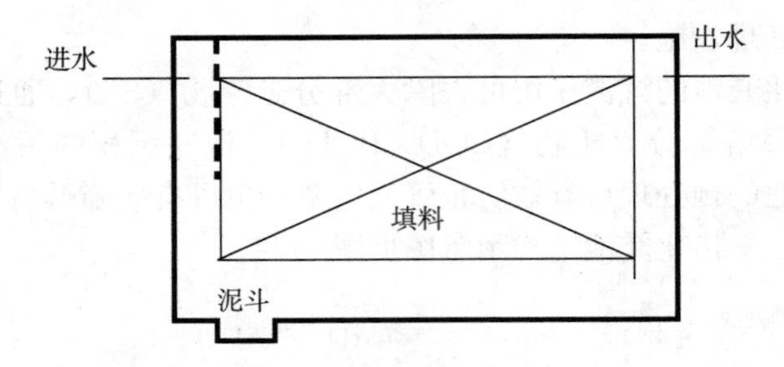

图 4.12　厌氧生物膜反应池结构示意图
资料来源：《农村生活污水处理技术与模式使用手册》。

4.2.3.2　自然净化技术

自然净化技术是利用土壤过滤、植物吸收和微生物分解的原理进行污水的有效处理。常见的有人工湿地处理技术、稳定塘处理技术、土地渗滤处理系统、生态浮岛技术。

（1）人工湿地处理技术①。人工湿地处理技术是一种应用比较广泛的利用湿地处理污水的方法。污水有控制地流进长有芦苇、香蒲等沼生植物的湿地，沿一定方向缓慢流行，从而通过湿地生态系统内各种植物、微生物和土壤的共同作用得以净化。人工湿地按水流特征，可分为表面流人工湿地、水平潜流人工湿地、垂直潜流人工湿地。

表面流人工湿地：污水以较慢的速度从湿地表面流过，类似于沼泽地，有着投资少、操作简单、运行成本低等优点。但占地面积大，水力负荷小，净化水平有限，系统受气候影响大，夏季容易滋生蚊虫。表面流人工湿地示意图见图 4.13。

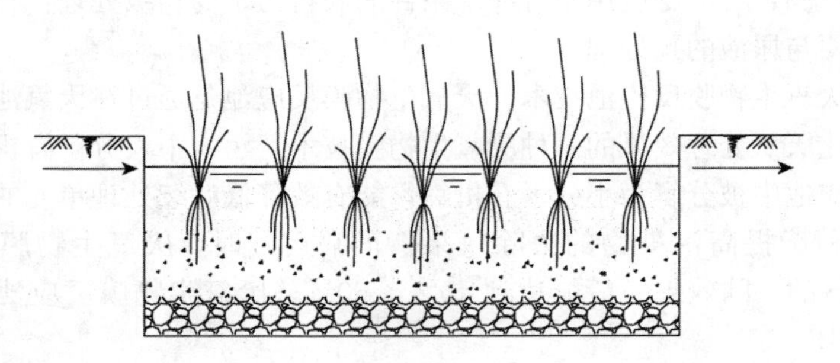

图 4.13　表面流人工湿地示意图

水平潜流人工湿地：污水从填料床的一端流入，较大的水力负荷和污染负

① 资料来源：《东南地区农村生活污水处理技术指南》。

荷使得该类型湿地对 BOD、COD、SS 及重金属都有较好的处理效果。但是，控制较表面流人工湿地复杂，且对氮、磷的脱除效果不佳。水平潜流人工湿地示意图见图 4.14。

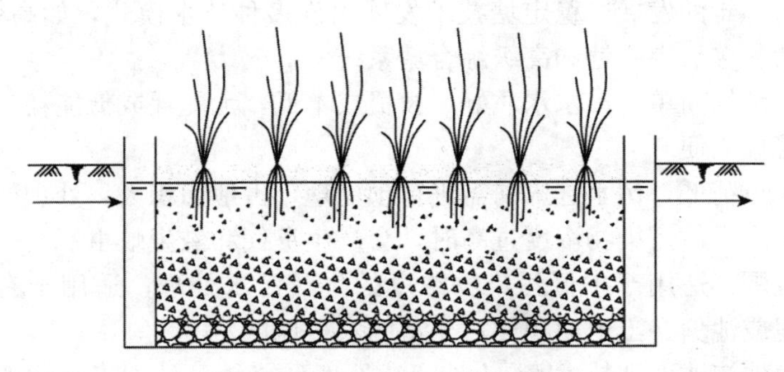

图 4.14 水平潜流人工湿地示意图

垂直潜流人工湿地：污水从湿地表面纵向填料床底流动，床体处于不饱和状态，使 O_2 能通过大气扩散和植物根系接触进入湿地，有较强的硝化作用，适用于高氨氮污水的处理。但是，对有机物处理效果差，且控制复杂，落干/淹水时间长，夏季易滋生蚊虫（周启星等，2002）。垂直潜流人工湿地示意图见图 4.15。

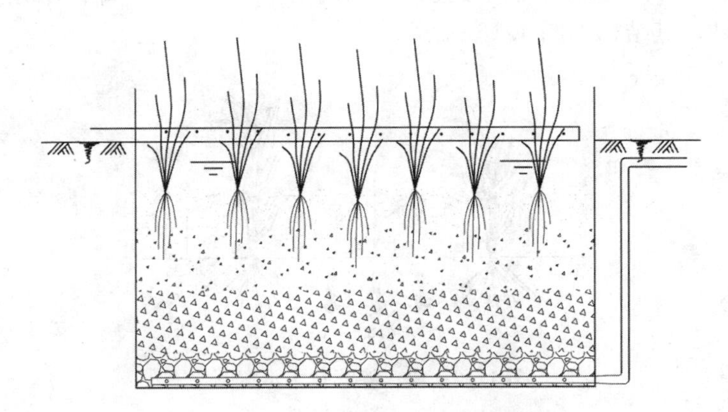

图 4.15 垂直潜流人工湿地示意图

优点：施工周期短，运行简单，处理效果良好，不仅能去除有机物，而且能对氮、磷和重金属进行脱除。

缺点：人工湿地建设需要额外占用大量土地，湿地植物如果不及时收获处置，存在着二次污染问题，冬季低温导致处理效率低，易产生淤积和饱和现象等，会导致出水达标率不稳定的问题（施卫明等，2013）。

适用范围：适用于有空闲土地、水环境功能非敏感区域，但对氮、磷去除有一定要求的农村地区，若不使用动力，建设地址需有地势差。

（2）稳定塘处理技术。稳定塘又名氧化塘或生物塘，是一种利用水体自然净化能力处理污水的生物处理设施，主要借助了水体的自净过程来进行污水的净化。经历多年的发展，稳定塘技术发展出许多种技术模式，如高效藻类塘、水生植物塘、多级串联塘和高级综合塘系统。

优点：结构简单，出水水质好，投资成本低，无能耗或低能耗，运行费用省，维护管理简便。

缺点：负荷低，污水进入前需进行预处理，占地面积大，处理效果随季节波动大，塘中水体污染物浓度过高时，会产生臭气和滋生蚊虫。

适用范围：适用于中低污染物浓度的生活污水处理；适用于有山沟、水沟、低洼地或池塘、土地面积相对丰富的农村地区。

（3）土地渗滤处理技术[①]。土地渗滤处理系统是一种人工强化的污水生态工程处理技术，它充分利用在地表下面的土壤中栖息的土壤微生物、植物根系以及土壤所具有的物理、化学特性将污水净化，属于小型的污水土地处理系统。土地渗滤根据污水的投配方式及处理过程的不同，可以分为慢速渗滤、快速渗滤、地表漫流和地下渗滤技术 4 种类型。

慢速渗滤技术：慢速渗滤技术适用于投放的污水量较少地区，通过蒸发、作物吸收、入渗过程后，流出慢速渗滤场的水量通常为零，即污水完全被系统所净化吸纳。其结构如图 4.16 所示。

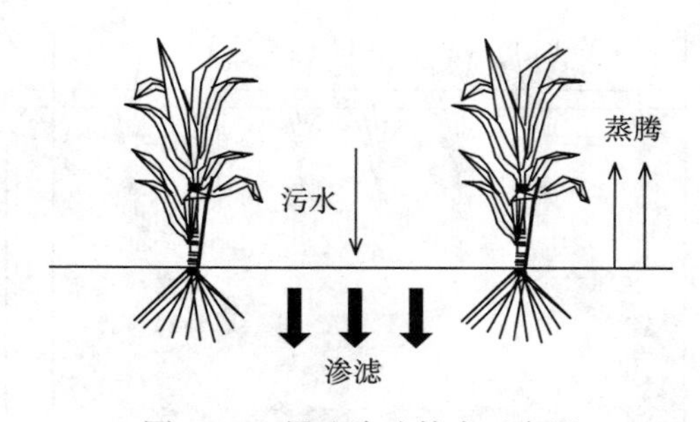

图 4.16　慢速渗滤技术示意图

慢速渗滤技术可设计为处理型和利用型两类。处理型以污水处理为主要目的，设计时应尽可能少占地，选用的作物要有较高耐水性、对氮和磷吸附降解能力强。利用型以污水资源化利用为目的，对作物没有特别的要求，在土地面积允许的情况下，可充分利用污水进行生产活动，以便获取更大的经济效益。

① 资料来源：《东南地区农村生活污水处理技术指南》。

慢速渗滤技术的具体场地设计参数包括：土壤渗透系数为0.036～0.36米/天，地面坡度小于30%，土层深大于0.6米，地下水位大于0.6米。

快速渗滤技术：快速渗滤技术适用于具有良好渗滤性能的土壤，如沙土、砾石性沙土等。其结构如图4.17所示。

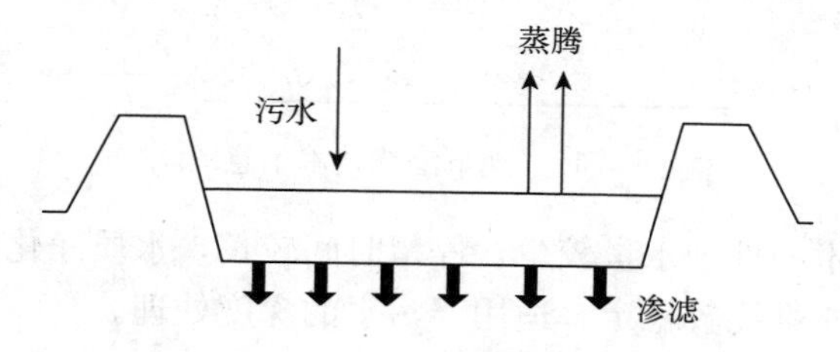

图4.17 快速渗滤技术示意图

快速渗滤技术可处理较大量污水，可用于两类目的：地下水补给和污水再生利用。用于前者时不需要设计集水系统，而用于后者则需要设计地下水集水系统以利用污水，在地下水敏感区域还必须设计防渗层，防止地下水受到污染。

地下暗管和竖井都是快速渗滤技术常用的出水方式，如果地形条件合适，可使再生水从地下自流进入地表水体。最优设计参数0.45～0.6米/天，地面坡度小于15%，以防止污水下渗不足，土层厚大于1.5米，地下水位大于1.0米。

地表漫流技术：地表漫流技术适用于土质渗透性的黏土或亚黏土的地区，地面最佳坡度为2%～8%。

其结构如图4.18所示，废水以喷灌法和漫灌（淹灌）法有控制地分布在地面上均匀地漫流，流向坡脚的集水渠，地面上种牧草或其他作物供微生物栖息并防止土壤流失，尾水收集后可回用或排放水体。

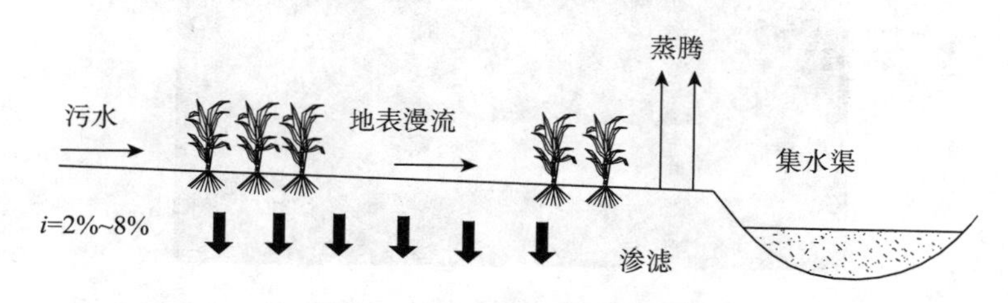

图4.18 地表漫流技术示意图

地下渗滤技术：地下渗滤技术将污水投配到距地表一定距离、有良好渗透性的土层中，利用土毛细管浸润和渗透作用，使污水向四周扩散中经过沉淀、过滤、吸附和生物降解达到处理要求，如图4.19所示。

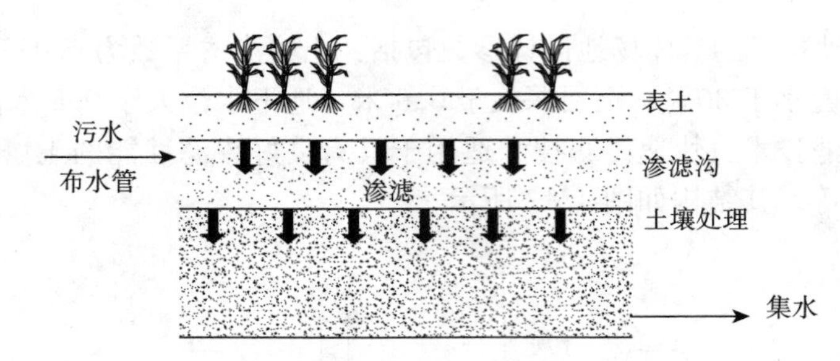

图 4.19 地下渗滤技术示意图

地下渗滤技术的处理水量较少，停留时间较长，水质净化效果比较好，且出水的水量和水质都比较稳定，适用于污水的深度处理。

优点：处理效果较好，投资费用少，无能耗，运行费用低，维护管理简便。

缺点：污染负荷低，占地面积大，设计不当容易堵塞，易污染地下水。

适用范围：适用于资金短缺、土地面积相对丰富的农村地区，与农业或生态用水相结合，不仅可以治理农村水污染、美化环境，而且可以节约水资源。

（4）生态浮岛技术。生态浮岛是一种用塑料泡沫等轻质材料作为植物生长载体，在其上移植陆生喜水植物，通过植物对氮、磷等营养物质的吸收作用，实现水质净化的污水处理技术。浮岛上移栽的植物既能吸收污水中的营养物质，还能释放出抑制藻类生长的化合物，从而提高出水水质。生态浮岛技术示意图见图 4.20。

图 4.20 生态浮岛技术示意图

农村生活污水经过预处理或好氧生物处理后，排放至村边低洼池塘，在池塘中建造生态浮岛，种植花卉、青饲料和造纸原料等经济性植物，通过植物的生态作用净化水质，同时获得一定的经济收益。

优点：投资成本低，维护费用少，不受水体深度和透光度的限制，能为鱼类和鸟类提供良好的栖息空间，兼具环境效益、经济效益和生态景观效益。

缺点：浮岛植物残体腐烂，会引起新的水质污染问题；发泡塑料易老化，造成环境二次污染；植物的越冬问题。

适用范围：适用于湖网发达、气候温暖的农村地区。

4.2.3.3 好氧生物处理技术

好氧生物处理技术，需要通过机械曝气，利用好氧菌的作用，将有机污染物分解为二氧化碳和水。常见的有好氧活性污泥法、接触氧化法，但由于运行维护费用高且管理难度大，在农村生活污水处理上应用较少。

农村生活污水治理技术一览表见表4.4。

表4.4 农村生活污水治理技术一览表

技术大类	技术种类	技术模式
厌氧生物处理技术	生活污水净化沼气池	—
	高效生物化粪池（SW型生活污水自净装置）	—
	地埋式净化处理装置	地埋式动力净化处理装置
		地埋式无动力净化处理装置
	三格化粪池技术	—
	厌氧生物膜反应池技术	—
自然净化技术	人工湿地处理技术	表面流人工湿地
		水平潜流人工湿地
		垂直潜流人工湿地
	稳定塘处理技术	高效藻类塘
		水生植物塘
		多级串联塘
		高级综合塘
	土地渗滤处理技术	慢速渗滤技术
		快速渗滤技术
		地表漫流技术
		地下渗滤技术
	生态浮岛技术	—
好氧生物处理技术	好氧活性污泥法	—
	接触氧化法	—

4.3 水源地保护典型工程

4.3.1 农村生活污水处理工程示例

农村生活污水处理方式需从地理区位划分考虑，南北方乡村用水差异使得污水处理方式各有特点。北方农村大多采用旱厕，且不少地区进行畜禽饲养，村民多有利用厩肥向农田菜地施用的习惯，污水很少向外排放；而南方地区的农村大多傍水而建，池塘、沟渠、河流等往往成为污水的受纳水体。同时，农村居民聚居情况也是农村污水综合治理技术采选的重要指标，居民居住分散地区和集中居住地区，技术对污染负荷的抗冲击要求是不同的。此外，还得考虑到水源地保护对污水的处理要求。除了对 COD、SS 进行去除，还要考虑氮、磷等营养元素的去除。综上，以“人工湿地综合工程”及“村落污水生物-生态组合工程”作为农村生活污水治理工程示例。

4.3.1.1 人工湿地综合工程[①]

适用范围：适用于土地资源相对丰富、气候温暖、日照充沛、出水水质要求较高的地方的多户污水处理。

工艺流程：如图 4.21 所示。

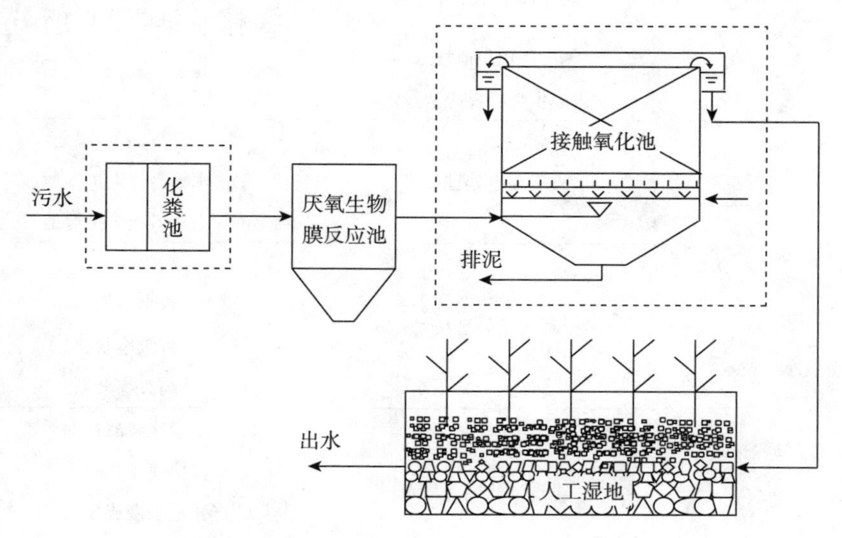

图 4.21　人工湿地综合工程工艺流程

① 资料来源：《中南地区生活污水治理技术指南》。

图中虚框中的化粪池和接触氧化池根据实际情况选用。若当地采取旱厕，则建议先进入化粪池进行处理；若为水冲厕所，则直接进入厌氧生物膜反应池进行处理；若进水污染物浓度高，对氮、磷去除有要求，出水水质要求高，且经济条件容许，则建议在人工湿地前增加接触氧化池，以提高污染物去除效果。

该工艺的特点是灵活性强，综合利用了各单体污水处理设施的优势，取长补短。在化粪池和厌氧池中预处理去除悬浮物 SS 和有机物 COD，特别是难降解的有机污染物；在接触氧化池中主要去除 COD 和氨氮；人工湿地为深度处理单元，通过填料的吸附、植物吸收和微生物降解作用去除 COD、氮、磷。

该工艺对各污染物都有较好的去除效果。但接触氧化池曝气耗电、耗能，增加了运行费用，人工湿地需要占用一定的土地资源。但湿地植物可以美化环境，出水可做各类用途，浇灌农田、直接排放河流或池塘以及回用冲厕等。

4.3.1.2 村落污水生物-生态组合工程

适用范围：适用于饮用水水源地保护区、风景或人文旅游区、自然保护区、重点流域等环境敏感区域。这些区域污水处理不仅需要去除有机物 COD 和悬浮物 SS，还需要对氮、磷进行控制，以防止区域内水体富营养化。该工艺主要用于处理村落污水，出水可直接排放或回用。

工艺流程：如图 4.22 所示。

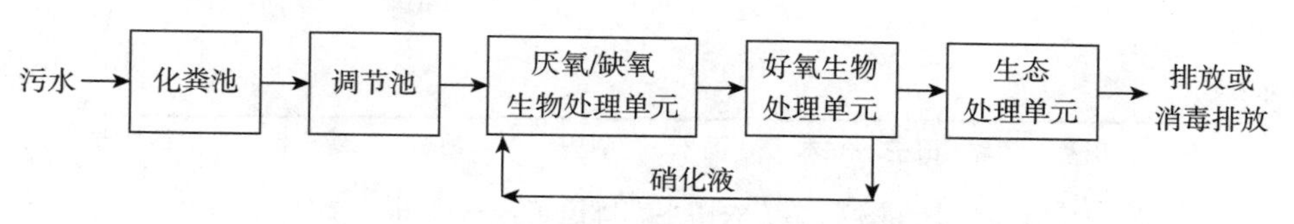

图 4.22 村落污水生物-生态组合工程工艺流程示意图

生物处理单元中的缺氧/厌氧处理单元宜采用厌氧生物膜单元；好氧生物处理单元宜采用生物接触氧化池和氧化沟等。当处理规模较小，一般低于 200 立方米/天时，宜采用生物接触氧化池；当处理规模较大，如大于 200 立方米/天时，宜采用生物接触氧化池或氧化沟。

生态处理单元宜采用人工湿地或土地渗滤等，以除磷和优化水质。调节池可与厌氧生物膜单元合建。

4.3.2 农业种植污染治理工程示例

目前，针对水源地保护的农业种植污染治理以农业生态工程和缓冲带水陆交错带为主（张永坤等，2014），注重对源头水土流失的控制及农业面源污染的中途拦截，以“农田生态廊道工程”和“生物地下脱氮沟＋植物篱工程”为示例。

4.3.2.1 农田生态廊道工程

工程功能：农田生态廊道就是指在农田与水体之间设置一定比例的林灌草防护带，并利用原有的沟渠、水塘等湿地构建生态沟渠，对区域农田排水进行拦截过滤。生态廊道也是农田景观的有机组成部分，设计布局合理的生态廊道可以提升农田景观，同时也具有田间道路功能，可以推动乡村旅游产业发展。农田生态廊道工程示意图见图 4.23。

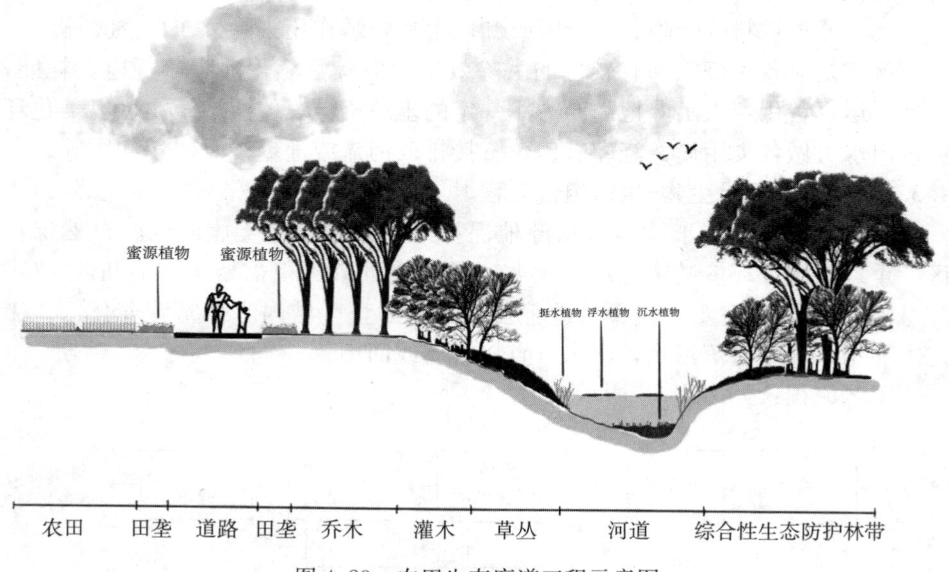

图 4.23 农田生态廊道工程示意图

工艺流程：田间的雨水或灌溉水经过两边的生态廊道进入沟渠，然后进入地表水体；在这些过程中，通过农田生态廊道的拦截作用，去除农田径流水中的悬浮物含量，降低农田排水、灌溉水中的氮、磷含量。工艺流程见图 4.24。

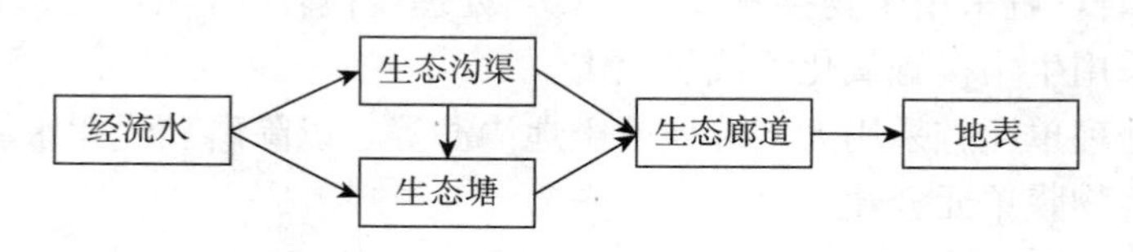

图 4.24 农田生态廊道工程工艺流程图

4.3.2.2 生物地下脱氮沟+植物篱工程

工程功能：脱氮沟技术是近年来研发的去除地下水硝酸盐的新技术，适用于水源区小流域、农业生产区等产生的含氮污水由表层土壤渗透到地下水所形成的含高浓度硝酸盐的去除，具备系统净化功能强、运行稳定及运行周期长等特点。旨在针对性地处理一定规模的地下潜流中的硝酸盐污染。脱氮沟上部利用闲置空间种植植物篱，在发挥脱氮沟拦截地下氮、磷淋溶功能的同时，也可拦截田间尾水地表径流流失，同时也是构成田间景观要素之一。

工艺流程：该技术属工程类技术，设置一个长方体污染处理构筑物（即脱氮墙），墙体与地下水的水流方向是垂直的，让污水穿过墙体，在墙体内产生反应，消除一定污染。其原理是根据径流污染状况，将配比的原木条或锯末木屑等袋料以及生物菌剂掩埋在潜流湿地中，利用硝化-反硝化细菌的附着、衍生，与流过其中的 NO_3-N 作用，由于从生物载体材料流出的有机碳与水体中的硝酸盐之间构成的 C/N 关系有利于反硝化细菌的生长物质代谢，从而使 NO_3-N 转化成 N_2 而去除。地上部分种植植株矮小、生物量大、根系发达且有景观效果的植物，拦截田间尾水从地表流失。脱氮沟剖面图见图 4.25。

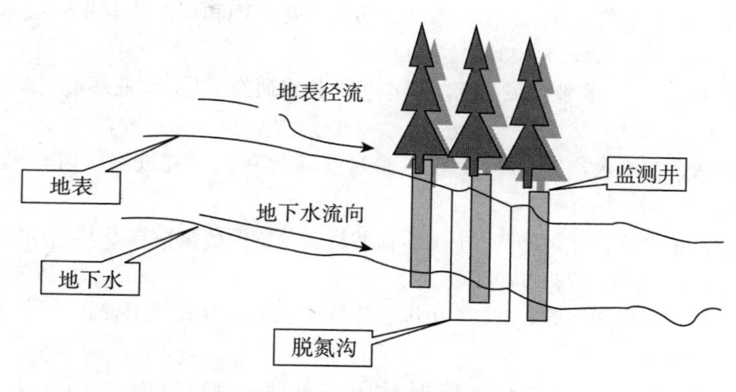

图 4.25 脱氮沟剖面图

4.3.3 畜禽养殖废污治理工程示例

针对水源保护畜禽养殖废污的治理措施主要有粪便集中处理工程、养殖废水处理工程、种养一体化及生态农业工程，现以种养一体化及生态农业工程作为工程示例。

工程功能：该模式针对周边拥有大量农田、山地、林果茶园或菜地等可进行粪污消纳的养殖场（小区），以畜禽废弃物的资源化利用为宗旨，采用“三改-两分-再利用”技术，即改水冲清粪为干式清粪、改无限用水为控制用水、改明沟排污为暗道排污，固液分离、雨污分离，畜禽粪便经过高温堆肥无害化处理后直接还田，养殖废水经过储存池稳定化处理后为肥水浇灌农田等技术措施，实现养殖场粪污减量化、资源化、无害化、促进种养结合。粪污减排率可达 90%以上。年出栏 1 000 头生猪当量的规模畜禽场实施本工程后每年可消减 COD 约 50 吨、氨氮 1～1.5 吨。种养一体化及生态农业工程流程见图 4.26。

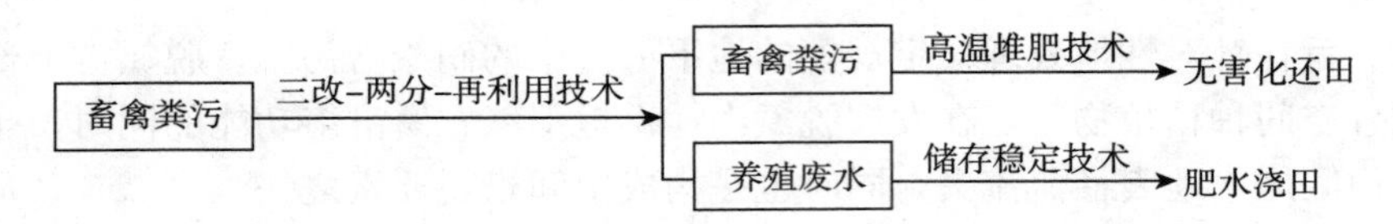

图 4.26　种养一体化及生态农业工程流程

参考文献

曹志洪，林先贵，杨林章，等，2006. 论“稻田圈”在保护城乡生态环境中的功能Ⅱ. 稻田土壤氮素养分的累积、迁移及其生态环境意义 [J]. 土壤学报（2）：256－260.

常丽丽，2011. 秸秆直接还田形式及其效应分析 [J]. 现代农业科技（19）：299、318.

常志州，黄红英，靳红梅，等，2013. 农村面源污染治理的“4R”理论与工程实践——氮磷养分循环利用技术 [J]. 农业环境科学学报，32（10）：1901－1907.

陈德涌，占爱思，闫登峰，等，2018. 畜禽粪污无害化处理和资源化利用新技术研究 [J]. 中国畜牧兽医文摘，34（1）：115.

陈小华，李小平，2006. 农业流域的河流生态护坡技术研究 [J]. 农业环境科学学报（S1）：140－145.

邓良伟，吴有林，丁能水，等，2019. 畜禽粪污能源化利用研究进展 [J]. 中国沼气，37（5）：3－14.

高利伟，马林，张卫峰，等，2009. 中国作物秸秆养分资源数量估算及其利用状况 [J]. 农业工程学报，25（7）：173－179.

韩鲁佳，闫巧娟，刘向阳，等，2002. 中国农作物秸秆资源及其利用现状 [J]. 农业工程学报（3）：87－91.

韩润平，刘晨湘，石杰，等，2005. 不同结构生态滤池处理城镇污水研究 [J]. 生态环境（3）：309－312.

胡秀仁，1996. 蚯蚓——地球的清洁工和资源 [J]. 环境卫生工程（1）：18－22.

黄镇锭，方土，2011. 地埋式污水处理装置初探 [J]. 环境科技，24（S2）：27－29.

靳红梅，常志州，叶小梅，等，2011. 江苏省大型沼气工程沼液理化特性分析 [J]. 农业工程学报，27（1）：291－296.

李瑞鹏，于建光，常志州，等，2012. 麦秸和奶牛场废弃物联合堆肥试验 [J]. 江苏农业学报，28（1）：65－71.

李仰斌，张国华，谢崇宝，2008. 我国农村生活排水现状及处理对策建议 [J]. 中国水利（3）：51－53.

廖秋阳，曹辉，2010. 借鉴国外经验探索中国农村污水处理新技术 [J]. 世界农业（11）：86－88.

刘福兴，宋祥甫，邹国燕，等，2013. 农村面源污染治理的“4R”理论与工程实践——水环境生态修复技术 [J]. 农业环境科学学报，32（11）：2105－2111.

施卫明，薛利红，王建国，等，2013. 农村面源污染治理的“4R”理论与工程实践——生态拦截技术 [J]. 农业环境科学学报，32（9）：1697－1704.

史玉红，刘宏新，2012. 沼气工程残余物资源化利用研究［J］. 农机化研究，34（2）：211－214.

宋海亮，吕锡武，2004. 利用植物控制水体富营养化的研究与实践［J］. 安全与环境工程（3）：35－39.

孙铁珩，周启星，张凯松，2002. 污水生态处理技术体系及应用［J］. 水资源保护（3）：6－9、13－68.

孙兴旺，马友华，王桂苓，等，2010. 中国重点流域农村生活污水处理现状及其技术研究［J］. 中国农学通报，26（18）：384－388.

王志芳，2018. 畜禽粪污的无害化处理技术及资源化利用途径［J］. 绿色环保建材（6）：64.

吴楠，孔垂雪，刘景涛，等，2012. 农作物秸秆产沼气技术研究进展［J］. 中国沼气，30（4）：14－20.

许春莲，宋乾武，王文君，等，2008. 日本净化槽技术管理体系经验及启示［J］. 中国给水排水（14）：1－4.

薛利红，杨林章，施卫明，等，2013. 农村面源污染治理的"4R"理论与工程实践——源头减量技术［J］. 农业环境科学学报，32（5）：881－888.

杨建，2001. 微生物-蚯蚓生态滤池处理城市污水［D］. 上海：同济大学.

杨林章，施卫明，薛利红，等，2013. 农村面源污染治理的"4R"理论与工程实践——总体思路与"4R"治理技术［J］. 农业环境科学学报，32（1）：1－8.

叶萍，2014. 农村水环境现状及评价［D］. 武汉：华中师范大学.

曾令芳，2001. 简评国外农村生活污水处理新方法［J］. 中国农村水利水电（9）：30－31、33.

张永坤，吴元芝，于兴修，2014. 基于氮磷迁移的农业面源污染生态工程控制技术研究进展［J］. 绿色科技（4）：207－210、213.

朱普平，常志州，郑建初，等，2007. 太湖地区稻田主要种植方式氮磷径流损失及经济效益分析［J］. 江苏农业科学（3）：216－218.

Casellas C，Picot B，Gomez E，et al，1995. Ammonia elimination processes in stabilisation and high－rate algal pond systems［J］. Water Science & Technology，31（12）：303－312.

Martines A M，Nogueira M A，Santos C A，et al，2010. Ammonia volatilization in soil treated with tannery sludge［J］. Bioresource Technology，101（12）：4690－4696.

Nyord T，Schelde K M，Sgaard H T，et al，2008. A simple model for assessing ammonia emission from ammoniacal fertilisers as affected by pH and injection into soil［J］. Atmospheric Environment，42（19）：4656－4664.

Odegaard H，Gisvold B，Strickland J，2000. The influence of carrier size and shape in the moving bed biofilm process［J］. Water Science & Technology，41（4）：383－391.

5 国外典型水源地生态保护案例

5.1 北美五大湖的流域保护对策

5.1.1 北美五大湖概况

北美五大湖又称大湖，是世界最大的淡水湖群，包括苏必利尔湖、密歇根湖、休伦湖、伊利湖和安大略湖5个相连湖泊，有“北美大陆地中海”之称。除了属于美国的密歇根湖外，其余4湖都跨美国和加拿大两国，北美五大湖的特征如表5.1所示。按面积衡量，五大湖是地球上最大的淡水湖群，总面积为244 700平方千米，其中苏必利尔湖是世界第二大湖泊，也是最大的淡水湖泊，密歇根湖则是国家内最大的湖泊；按水量计算，五大湖是第二大湖泊，占世界地表淡水的21%，总水量（在低水位处测量）为22 520立方千米，略小于贝加尔湖的水量23 615立方千米，占全球地表淡水的22%～23%。五大湖由于具有海洋特征，如起伏的波浪、持续的风、强流、大深度和遥远的地平线，因此长期以来被称为内陆海域。

表5.1 北美五大湖的特征

项目	伊利湖	休伦湖	密歇根湖	安大略湖	苏必利尔湖
表面积（平方千米）	25 700	60 000	58 000	19 000	82 000
水量（立方千米）	480	3 500	4 900	1 640	12 000
海拔（米）	174	176	176	75	182.9
平均深度（米）	19	59	85	86	147
最大深度（米）	64	228	282	245	406

五大湖在大约14 000年前的最后一个冰河时期结束时开始形成，后退的冰盖使它们刻在土地上的盆地暴露出来，然后充满了融化的水。五大湖一直具有运输、迁移、贸易和捕鱼等功能，是生物多样性非常丰富的地区，五大湖周围地区被称为五大湖地区，包括五大湖城市群。五大湖城市群重要的生产和生活用水由五大湖提供，如果五大湖的水质被污染，居住在五大湖城市群的5 000万人口的生活用水质量将直接被影响，同时该城市群与美国东北沿海城市群共同构成北美制造业地带的生产用水也会受到相应影响，这将影响到五大

湖城市群未来的发展（Angradi et al.，2019）。

5.1.2　北美五大湖水环境存在的问题

从1960年以来，人类逐步意识到人类活动带来了环境污染、栖息地减少和外来物种入侵等生态环境问题。水质恶化和栖息地的减少最初影响是局部的，随着农业、林业的发展和城市化进程，整个大湖区的生态系统正遭到破坏（United States Environmental Protection Agency，2000）。

5.1.2.1　病菌

追溯历史，人们最初控制水污染，主要想防止水源传染病，人类不仅仅通过饮用水感染上细菌、滤过性病毒、寄生虫等所引起的疾病，而且还能通过直接接触被污染的水而受到感染。五大湖的每一滴水都有大约100万个细菌和1 000万种病毒，这些微小的单细胞物种具有改变地球气候、传播人类疾病、调节动物新陈代谢的能力。因此，对病菌的研究变得越来越重要，并且某些微生物已显示出迅速增殖的能力。一旦无法控制病菌的污染，人们面对的将是灾难性的后果。

5.1.2.2　富营养化和氧损耗

由于生物量的不同，湖泊有其自身独特的特点。湖区生物量主要是指藻类的繁殖量，藻类繁殖量最小的湖泊称为贫营养湖，繁殖能力中等的湖泊称为中营养湖，最富营养的湖泊被称为超级营养湖。湖中藻类数量由很多因素组成，其中包括温度、光照、深度、湖面大小和周围环境的营养物质等。五大湖在殖民和工业化之前，除了浅水湾和沿海沼泽地区，其他都是贫营养湖，湖水在很长一段时间内保持清澈。只有少量肥料和分解的有机质流出湖区，大气中少量氮、磷进入湖区，其中磷和养分流入湖泊。由于植被减少和热污染，湖区多条支流温度升高，并且由于城市和农业高度集中，产生大量营养物质和有机污染物流入湖区，这些污染物刺激了藻类等绿色植物的生长。生长过盛的植物沉入湖底，死后分解，在分解过程中，溶解在湖底附近水中的氧气被消耗。这一系列反应中，绿色植物数量越多，有机物被分解的就越多，湖泊耗氧量也随之增加。有机物分解过程中的耗氧量称为生化需氧量（BOD），这产生于两种途径：一种是污水处理厂出水中含有的有机物流入支流和海湾；另一种是腐烂的藻类。

在伊利湖中心等大型海湾和开阔湖区，藻类的BOD是一大问题。随着BOD增加，湖中含氧量降低，一些鱼类会因缺氧而死亡。淤泥软体动物、爬行动物等厌氧鱼类能适应缺氧环境，取代湖泊中原有鱼类。因此，藻类、底栖动植物和鱼类种类的变化可作为耗氧的生物学指标，湖中绿色植物数量增多，藻类迅速繁殖，水体逐渐变得浑浊，这一现象导致富营养化过程加剧（Hiriart-

Baer et al.，2008)。

由于伊利湖是最浅、温度最高的湖泊，也是生物产量最高的湖，它是五大湖区中的第一个有严重富营养化问题的湖泊。大湖区约1/3的人口生活在伊利湖地区，在过去的几年里，在伊利湖地区的农业和城市发展已经达到了很高的水平。研究表明，氧气损失的强度可能会因每年或一年的一部分温度的不同而有所不同。但是，随着时间的推移，氧耗程度一直在增长。研究人员认为，富营养化是缺氧的主要原因。在采取调节措施之前，必须确定导致富营养化的主要营养元素。到20世纪60年代末，科学界一致认为磷是主要的营养元素，这是解决富营养化的关键。在加拿大和美国，人们普遍认为伊利湖正在“消亡”，湖区到处都是关于水污染的公共警告标志。伊利湖陷入了困境，纤维藻在富营养化条件下生长迅速，成为近海的主要植物，海滩上满是绿色的、腐烂的植物，日益浑浊的湖水对公众健康构成严重威胁。

5.1.2.3 有毒污染物

20世纪40年代以来，由于合成有机化学品及含重金属物质的广泛使用，产生了对环境有潜在危害的有毒污染物。通过对杀虫剂DDT作用、持久性和迁移性的研究，首次证明了有毒物质在自然环境中的危害性。有毒污染物包括人工合成的有机物和重金属，即使是少量这些物质也可能是含有剧毒的。如果人们长时间接触低浓度多种污染物的环境，会增加患癌症、胎儿畸形和基因突变的潜在风险。

在水生生态系统中，许多有毒物质通过食物链容易产生生物累积作用。当水中化学物质浓度很低时，很难被检测到，如多氯联苯。但是，通过食物链进行生物放大过程中发现，三文鱼等肉食性鱼类体内的多氯联苯浓度可增加100万倍。以鱼为食的鸟类和其他动物也会经历生物放大的过程。有毒物质影响着湖泊中的水生生物以及以它们为食的鸟类和其他动物。大湖区和加拿大安大略省的公共卫生和环境机构警告人们不要食用因多氯联苯、汞或其他有毒物质含量过高而无法在市场上出售的鱼。经常吃鱼和野生动物的人有可能会吸收更多的有毒物质，特别是原住民、渔民及其家庭，以及主要吃鱼和野生动物的移民是最容易受到危害的群体。

对密歇根州居民流行病进行研究，结果表明常吃多氯联苯含量高的鱼的人群体内多氯联苯的浓度高于其他人群。从动物观察中获得的科学证据表明，少量有毒物质会对生殖、生长等生理功能产生轻微影响。这种影响短期内可能不易察觉，但长期会导致严重的累积损害。这些有毒污染物同样会影响人类的免疫系统、神经系统、胎儿和婴儿的生长以及癌细胞的繁殖和生长（Nakatsu CH et al.，2019)。

5.1.3 北美五大湖流域保护的主要措施

5.1.3.1 国家层面

美国早就认识到水是最重要的国家资源。自1972年《清洁水法》实施以来，工业和市政造成的点源污染得到控制，点源污染得到明显改善。然而，根据1994年美国“国家水质评价”报告显示，农业面源污染不仅是河流、湖泊和港口地表水污染的主要原因，也是地下水污染和湿地生态环境退化的主要原因。因此，美国采取了一系列国家行动来控制面源污染（谢德体等，2008）。

1996年5月，美国国家环境保护局（EPA）出台了修改的控制面源污染计划指南。该指南取代1987年12月EPA发布的面源指南和1993年6月的控制面源污染计划资助指南。这个指南是EPA改革控制面源污染计划所采取的一个重要步骤。根据这个指南，各州修改它们的控制面源污染计划，使之成为真正有效的计划，以解决面源污染造成的水质问题。这个指南提供了未来控制面源污染计划的框架，旨在实现或维持水的有效使用。这个框架具有灵活性和动态性，将会产生更好的环境效果。EPA于1997年10月14日，在国家面源计划的会议上，提交了题为《加快面源计划的步伐》的报告。该报告是EPA根据修改的面源计划指南制订的关于加强面源污染管理战略草案，其目标是：所有州、领地和部族，以及所有利害关系者积极支持和参与实施动态的、有效的控制面源污染计划，到2013年实现并保持水的有效使用。

（1）EPA计划。

①面源污染管理计划。1987年，美国国会通过了《清洁水法》修正案，并制定了控制非点源污染的国家计划。这项计划是联邦政府首次资助控制污染源。制定这项计划的原因是美国政府认识到需要联邦政府的领导，加强州和地方政府的非点源污染控制工作。《清洁水法》授权EPA实施该计划，如果各州想要获得联邦资金，他们必须完成评估报告和非点源管理计划，EPA批准允许实施州计划。1990年，EPA开始资助各州、地区和部落实施他们的计划。1990年和1991年，EPA分别为各州提供了4 000万美元和5 000万美元的资金，用于实施管理计划。到1996年底，该方案的资金总额已达4.7亿美元。到1997年底，EPA已经发放了319笔资金，资金总额达该计划总资金的40%。这些资金用于该计划的各项活动，如计划的推行、立法或非立法活动，技术支持、财政支持、教育培训、技术转让、试点工程、监测和评价特殊的面源污染控制工程的成功性。

②国家口岸计划。该计划主要针对重点港区的点源污染和非点源污染。EPA帮助港口地区的州和地方政府为港口制定专门的综合保护和管理计划。截至目前，该计划已在17个港区实施。

③近海岸水域计划。该计划的主要目的是防治沿海水域污染，保护生态环境和人体健康。

④地下水保护计划。除了《清洁水法》以外，EPA已实施关于地下水保护的计划，并得到了政府的财政支持。根据《安全饮用水法》，EPA实施了唯一水源含水层计划（Sole Source Aquifer Program）。EPA根据1986年《安全饮用水法》修正案，建立了井口保护计划（Well-head Protection Program），其主要目的是改变公共饮用供水系统的安全。EPA与美国农业部合作实施这项计划。地下水不仅可以提供大量饮用水，还具有重要的生态功能。地下水一旦被污染，清理地下水污染不仅需要相当高的费用，而且耗费很长的时间。所以，保护地下水资源是EPA首先要考虑的战略，EPA已在地下水保护方面投资超过8 000万美元，在保护地下水资源的同时，还要注意保护地表水资源和生态环境。

⑤杀虫剂计划。EPA的杀虫剂计划是根据《联邦杀虫剂、杀菌剂和灭龃齿类动物药剂法》（Federal Insecticide，Fungicide and Rodenticide Act）制定的，并由EPA实施。该计划是针对面源污染问题，目的是控制杀虫剂，以免它们危害地下水和地表水，特别是保护脆弱的地下水避免受到杀虫剂的污染。

⑥湿地保护计划。EPA的湿地保护计划也开展了一些关于面源污染控制的项目，它们是关于河流走廊水质管理、面源污染综合研究、洪涝灾害的管理、水质改善、湿地生态环境保护。EPA已编辑出版了《湿地最佳管理实践（BMPs）技术手册》。

⑦水源评价和保护计划。美国参议院1996年的报告指出，水资源保护是保证安全饮用水持续供给的一种经济有效的战略。仅依靠治理的办法是远远不能解决复杂的水污染问题，特别是分布面积广的面源污染问题。因此，在1996年对《安全饮用水法》进行了修正，重点强调水资源的保护，防治水资源污染，以保证安全饮用水的供给。根据该修正案，建立了水源评价和保护计划（SWAPPs）。该计划要求各州向EPA在1999年2月6日前递交州的评价计划，主要内容应包括：圈定水资源保护区；编录该地区的主要污染物；确定每个公共供水系统对污染的敏感性。EPA制定了SWAPPs指南，以帮助各州建立SWAPPs。EPA希望将SWAPPs与井口保护计划、地下水保护计划、唯一水源含水层计划、杀虫剂计划和废物控制计划相结合，帮助各州和地方政府建立最有效的水资源保护计划，以避免耗费巨资进行水污染治理。

（2）NOAA（国家大气和海洋管理局）海岸带面源污染管理计划。1990年国会通过《海岸带法修正案》（Coasal Zone Act Reauthorization Amendments，CZARA），制定海岸带面源污染管理计划，综合管理海岸带地区的面源污染问题。CZARA要求NOAA和EPA协助29个州、领地和部族实施海岸带面源污染管理计划，NOAA和EPA制定了“海岸带面源污染特别管理措施指南”，以帮助各州建立它们的计划。该指南包括七大方面内容：①保护海岸水域，防治面源污染；②保护农业，防治面源污染，包括管理沉积，管理营养物、氮、磷、钾，管理动物设施，管理灌溉，管理杀虫剂，管理放牧；③管理城市径流，防治面源污染；④管理林业面源污染；⑤管理船业和码头的面源污染；⑥管理生活面源污染；⑦管理湿地，防治面源污染。海岸带面源污染管理计划的第一阶段于2004年完成，计划的第二阶段于2009年完成。

（3）美国农业部（USDA）计划。

①农村清洁水计划。农村清洁水计划是一个联邦资助的、针对水流域的农村面源污染的控制计划，水质监测是这个计划的重要内容。该计划是根据《农业、农村开发及相关机构拨款法》制定的，实施该计划的目的：一是在项目实施地区，尽可能减少面源污染，改善农村地区的水质，使水质达到规定的目标；二是建立和实施面源污染控制管理计划，确立管理方针和管理步骤，以控制农业面源污染。

②国家灌溉水质计划。1986—1993年美国内政部在主要农产区——美国西部的26个灌溉地区实施了该项计划，主要是针对地表水。该计划实施有两个目的：一是建立26个地区地表水及其沉积物、生物样品的关系数据库；二是利用数据库识别不同地区由于灌溉水引起的水质问题的共同特征，并且识别其主要影响因素。

③农业水土保持计划。该计划的目的是保护水土，改善水质，保护野生动物栖息地的生态环境。该计划有一部分内容是关于面源污染控制的问题研究。

④水土保护区计划。该计划的主要目的是保护国家最严重的水土侵蚀地区，以保护和改善水质，特别是保护环境敏感地区，如渗滤带、湿地和井口保护区。同样，该计划也涉及面源污染问题的研究。

（4）《总统水质动议法》。1989年，时任美国总统布什颁布了这个新法规。目的是保护地下水和地表水免遭化肥和杀虫剂的污染。在过去的十几年中，国会对此法规的实施进行了资助。美国农业部、国家环境保护局、地质勘探局以及大气和海洋管理局共同参与了这个计划，开展了一些水流域项目，包括水质刺激项目（WQIP）、水质合作试点项目（DEMOS）和水文单元合作项目（HUA）。通过这些项目，研究化肥和杀虫剂的面源污染问题。

（5）美国地质勘探局（USGS）计划。

①国家水质评价（NAWQA）。该计划实施从1991年至今，NAWQA计划的长期目标是：在综合不同空间尺度水质信息的基础上，描述国家的、代表性地区的地表水和地下水资源的水质状况及趋势，对影响水质的主要自然的、人为的因素进行可靠的、科学的认识。该计划由两个部分组成：一是研究特定

调查；二是国家综合行动。NAWQA 计划首先考虑的是营养物和杀虫剂。关于硝酸盐和杀虫剂的初步综合研究得出了一些重要的结论，这些研究将有助于今后的监测重点方向，NAWQA 计划在 1994—1995 年开始考虑对挥发性有机化合物（VOCs）的监测。

②井口保护计划。地下水供应大约美国一半人口的饮用水用量。地下水一旦被污染，污水处理费用十分昂贵。每个地下水污染场地的治理费用为 590 万～730 万美元，再加上提供新的水源需要打新井，铺设新的输水管道将会花费更多。所以，井口保护是必不可少的。用发展的眼光来看，井口保护计划大大减少财政支出。井口保护计划可以为土地规划者、经济开发商，合理规划开发场地的使用，为解决地下水污染和减少资金浪费提供科学依据。总之，不管从人类健康和生态环境保护，还是从经济及水的可持续利用角度考虑，井口保护计划可以保护宝贵的地下水资源，避免污染和过度使用。井口保护计划实施以来的经验表明，井口保护计划的核心是水资源调查和后期的管理计划，计划的成功实施不仅需要地方、区域和联邦各级政府与机构通力合作，还要增加公民参与度。各州目前正在考虑将井口保护计划与 1996 年《安全饮用水法修正案》中的水源评价和保护计划（SWAPPs）以及地下水资源保护计划结合起来，全面进行地下水资源保护的实施。

5.1.3.2 五大湖管理对策

（1）大湖区水质量协定。20 世纪 60 年代末，公众对湖区水质恶化的关注度越来越高，引起了有关部门对污染问题的研究，尤其是富营养化和 DDT 问题。政府部门加强了对污染物排放的控制和管理，建设了城市污水处理工程。1972 年，美国和加拿大率先签署了大湖区水质协议。20 世纪 70 年代，污染排放量大大减少，以前随处可见的水面浮渣、油膜现象开始逐渐消失，湖水溶解氧含量增加，消除了臭味。由于下水道问题得到了改善，许多海滩重新向人们开放，湖区的营养成分含量减少，使藻类斑块消失。20 世纪 70 年代的这些创造性环保行动表明，人们可以通过自己的行动来改善水环境，同时也使人们吸取了经验教训（Tuchman et al.，2018）。首先，要解决湖区富营养化引起的藻类过度生长问题，需要一种能够测定各种渠道进入湖泊的重要营养物质磷酸盐含量的测定方法。该方法与其他研究和数学模型相结合，制定了湖区磷含量的限量标准，且限制使湖区的磷含量不会导致藻类的过度生长（即生态系统可以安全地吸收量）。关于湖区系统的另一个教训是从对有毒污染物质的初步研究中得到的。有毒污染物质包括持久性有机化学品和金属，这些物质通过下水道和工业废水直接排入湖中或通过垃圾、地表径流和大气沉降间接排入湖区。经过对提取样品的不断研究、分析和监测，发现湖区有毒物质的污染是一个全系统的问题。湖区有毒物质的污染不仅对湖中的植物和生物物种构成威胁，由于人类处于许多食物链的末端，这些有毒物质也会对人类健康构成威胁。有毒物质会在食物链中积累和扩展，食物链中的高级捕食者，如湖区的鳟鱼和食鱼鸟——鸬鹚、鱼鹰、鲱鱼、海鸥等，会摄入大量有毒物质。这些物种中积累的有毒物质浓度比水中高出数百万倍，人类食用受有毒物质污染的鱼类造成的危害程度远高于饮用受污染的水。因此，保障水质安全是首要任务。

（2）生物指示器监测生态系统的变化。人们对湖区水生动植物进行了深入研究，并发现一些不好的现象，如鸟类蛋壳变薄、鱼类肿瘤生长等。人们关注持续性、低含量的有毒污染物的摄入，这些污染物对人类生殖、免疫系统和儿童的生长发育存在负面影响。人们也注意到了环境污染与癌症等疾病的关系，湖区有毒物质的污染问题越来越受到人们的重视。因此，监测生态系统变化是保护湖区生态的重要方法，通过对生物指标进行监测来观察苏必利尔湖的生态系统变化。这些指标的对象是生物体（如鸟类或鱼类），通过这些指标可以判断生态系统是否健康、生物繁殖是否顺利、物种数量是否稳定。了解食物链中全系统的污染和生物累积已成为湖泊生态系统管理的重要组成部分。

（3）公众参与。有 3 300 多万人生活在大湖区，整个湖区的管理需要保持对人的资源的利用，也需要公众更好地了解，政府将始终坚定地保护湖区，采取创造性的行动与合作。在大湖区周围，包括加拿大的安大略省和美国的 8 个州，有数千个地方和专门的职能管理机构，所有这些机构都有明确的管理湖区的规定。例如，水资源的利用、生物多样性、湖泊水位和海岸线的管理都是不分国界的，所以两国的合作非常重要。因此，包括居民、私人组织、企业和政府在内的公众协商被认为是大湖区生态系统资源管理决策的一个重要因素。湖区居民参与了解决问题、促进健康可持续环境保护工作、减少对湖区污染的人身伤害的过程。生活在大湖区的人们是自然生态系统的一部分，依赖自然生态系统生存，但人们正在破坏系统的自我更新以及维持湖区人类和所有生物生存的能力。为了保护湖区的可持续发展，有必要更好地研究过去存在的问题是如何产生的，并继续采取措施，防止进一步的环境破坏。利用生态系统的方法来管理大湖区，美国和加拿大逐渐联合起来管理湖区。人类在利用湖区自然资源的过程中逐渐认识到如何破坏环境，这促使两国政府和公民采取行动，研究、监测和承担起保护湖区的责任。生态系统管理不仅需要政府相关部门，更需要企业和民间组织各负其责，建立工作合作关系，共同保护湖泊生态系统。起初，水污染被视为一个孤立的问题。实践证明，水污染与土地利用、空气和水源密切相关。人们进一步认识到，需要把它放到整个生态系统中去考虑和寻找解决方案。为了共享和保护湖区的水资源，美国和加拿大成立了专门机构，促进相互合作（窦明等，2007）。

（4）生态系统方法管理。随着人们对影响大湖区生态系统健康的诸多相互关联、相互依存的因素的不断认识，人们开始运用生态系统方法来管理大湖区。生态系统方法不依赖于任何具体的行动过程，而是采取一种较全面的、相互制约的观点，具有更广泛的现实意义。生态系统方法具备的基本特点如下：

第一，这种方法是从广泛而系统的角度来理解湖区物理、化学和生态因素之间的相互作用。利用生物指标监测湖区水质和水系的变化过程，可以反映湖区生命的相互依存关系。例如，鲱鱼卵被用作有毒污染物的指标，藻类的快速生长被用作加速富营养化的指标，水生群落物种的变化被用作栖息地破坏的指标。可以利用浮游动物来测量长期接触低浓度有毒化学品对生物体生长繁殖的影响，并对慢性有毒物质的影响实施生物监控。

第二，生态系统方法是从地理角度全面了解整个生态系统，包括土地、空气和水。在运用生态系统方法的过程中，要求湖区管理规划更加重视土地利用对大气污染物和水质的污染。

第三，生态系统方法中体现了人类是优化生态系统的关键。这意味着社会、经济、技术和政治变量影响人们如何利用自然资源。在生态系统方法中，必须考虑人类文化、生活方式和思想的影响，因为这些因素影响生态系统的完整性。生态系统方法不同于早期注重局部污染控制的管理方法，早期的管理方法是孤立生态系统中的各种因素，忽略土地利用对水质的根本影响。生态系统方法使管理人员和规划者能够共同制定全面的研究战略和行动，为今后保护和恢复大湖区的生态系统完整性以及作出正确的决定提供基本框架。尽管大湖区的管理仍处于完全生态系统方法管理的早期阶段，但正在向下一阶段发展。

5.1.4 小结

北美五大湖区是世界上最大的淡水湖水域，约占世界总淡水资源的18%，湖区存在着病菌、富营养化和氧损耗、有毒污染物等一系列问题，造成生物栖息地改变、生物多样性减少、影响人体健康。政府针对污染问题采取了一系列国家行动，扩大公民的参与意识，制定了包括EPA、NOAA、USDA、USGS计划和《总统水质动议法》，为保护和恢复大湖区生态系统完整性及作出正确决定提供了基本框架。在国家和公民的共同努力下，五大湖污染控制取得巨大进展。

5.2 日本琵琶湖的流域保护对策

5.2.1 琵琶湖的概况

琵琶湖坐落于日本滋贺县的中部，面积674平方千米，平均深度可达40米。随着时间的流逝和历史的演变，琵琶湖形成了较为完整的自然生态系统，目前包含 1 000 多种动植物且有 50 多种特有物种。现在，琵琶湖不仅具有丰富的自然资源，而且具有提供用水、防洪抗灾、水产养殖、学术研究等多种功能（张兴奇等，2006）。

琵琶湖流域面积达到 3 848 平方千米，处于滇川水系上游，约占据滇川水系面积的 47%。在琵琶湖盆以外的区域，有海拔约 1 000 米的山脉。400 多条河流经过山脉分水岭的一侧最后汇入湖泊，这也形成了湖泊的主要水源。长期以来，琵琶湖周围生活的人们在享用着丰富的水产品、利用着便捷水上交通的同时还可以欣赏优美的自然景观。虽然琵琶湖流域有 133 万人口，但琵琶湖的水质状况依然很好，这在世界上是十分难得的。此外，琵琶湖还是一个宝贵的水源地，可以支持滋贺县和周边地区 2 个府和 4 个县（即大阪府、京都府、滋贺县、奈良县、兵库县和歌山县）约 1 400 万人的生活和生产活动，因此被誉为母亲河（汪易森，2004）。

5.2.2 琵琶湖水环境存在的问题

第二次世界大战之后，日本经济进入高速发展阶段，琵琶湖及其下游地区对水的需求急剧增加。为缓解用水压力，1972 年日本制定了《琵琶湖综合开发特别措施法》，并开始实施《琵琶湖综合开发计划》，从 1972 年沿用到 1997 年，跨越了 25 年。为了保障琵琶湖的综合开发，在滋贺县、下游区县政府和中央政府三方共同合作下，对琵琶湖流域周边地区进行水资源开发和水利设施建设。但是，琵琶湖的综合开发主要集中在水资源的开发利用上，在水质保护和生态保护方面考虑不足（G E Petts，1988）。在全面发展规划实施 25 年里，各种问题层出不穷。

5.2.2.1 土地利用与土地覆被变化导致水循环的改变

随着日本工业化和城市化的发展，土地开发利用过度导致农用地面积不断减少，住宅、商业、工业等建设用地面积不断增加。1966—2000 年的 34 年间，滋贺县土地利用的变化与同期日本的其他地区情况相比，耕地的减少幅度大于住宅等建设用地的增加幅度和日本全国的平均水平，大量的农田变成了建设用地。另外，滋贺县的森林覆盖率为 50%左右，人工林占 43%。大面积的人工林由于缺乏养育性的砍伐、修剪和森林管理，导致森林质量下降，与天然林相比，人工林的地表浸出能力大大减少。随着土地利用和土地覆被的变化，琵琶湖集水区域自然下垫面积减少，森林质量下降，琵琶湖集水区域的蓄水、保水能力下降，整个流域的正常水循环发生了变化，对水量和水质产生了恶劣影响。预计琵琶湖的集水区域内随着今后经济社会的进一步发展，住宅等建设用地的比例会进一步提高，因此要加强土地利用和管理。其土地利用需要从琵琶湖的水质保护、水源涵养、自然环境和景观保护这些方面综合考虑，实现琵琶湖流域土地的可持续利用。特别是要充分考虑水土完整，加强对天然湖岸、湖畔森林等宝贵自然区域的保护。

5.2.2.2 湖泊水环境污染、水质下降

琵琶湖以前是一个贫营养湖。但是，随着人口的增加、城市化的发展以及生产、生活方式的变化，污染物的流入量增加，湖内营养盐的累积、湖内营养盐的平衡变化、泥土的堆积、湖内的自净能力下降，这些都引起了琵琶湖的水质恶化。截至目前，虽然一直在研究下水道的普及和污染源的抑制措施，但是淡水赤潮、绿藻、自来水的霉菌味等问题每年都会出现。这些问题使利用琵琶湖的资源变得困难，对琵琶湖的管理、保护变得越来越迫切。调查显示，流入琵琶湖的污染负荷来自工业、农业、家庭和自然 4 个方面。据统计，2000 年流入琵琶湖的 COD、总氮（TN）、总磷（TP）分别为 45.6%/天、19.5 吨/天、1.11 吨/天，这是 4 个方面的污染负荷的主要成分。经过对琵琶湖水环境的治理，2017 年琵琶湖北湖 COD、总氮、总磷年平均值分别为 2.8 毫克/升、0.30 毫克/升和 0.020 毫克/升。从琵琶湖污染源来看，不仅包括工业和家庭点源污染，还包括农业和自然非点源污染。为了恢复琵琶湖的水质，除了继续控制点源污染、减轻点源污染负荷外，面源污染的控制也非常重要。截至目前，虽然已经采取了改进施肥方法、循环利用农业排水等措施控制农业面源污染，但减轻面源污染负荷仍任重道远。因为除了农业面源污染需要控制，还需要控制自然面源污染，包括森林、荒地、道路等自然区域和城市面源污染的控制。

5.2.2.3 湖泊生态与环境恶化

由于经济社会的快速发展和人类活动的干扰，琵琶湖的自然和文化环境都发生了巨大的变化。虽然全社会在各个方面都在采取积极的环保措施，但琵琶湖在水质、水源涵养、自然环境、景观等方面还存在诸多问题。外来物种入侵、特有物种减少、森林质量下降、湖底沉积、有毒污染物增加、水文条件变化等都是亟待解决的问题。由于填湖造田、内陆湖泊数量减少、芦苇面积减少、外来物种入侵、渔业从业人员减少、湖区消费水平的下降等原因，导致滋贺县渔业水产严重衰退。鱼类理想的栖息地是沉水植物，但这些植物大量繁殖，到 2012 年，90%的湖底被沉水植物覆盖，琵琶湖外来物种大量增加和繁殖，严重影响了本地物种的生态系统（白音包力皋等，2018）。

5.2.3 琵琶湖流域保护的主要措施

日本滋贺县政府针对琵琶湖不同地区的水量、水质、用水等方面采取全面规划的措施，进行统筹管理。通过对流域点源污染控制、流域面源污染控制以及上中下游的具体措施来对琵琶湖流域进行保护（Kitagawa et al.，2011）。

5.2.3.1 流域点源污染控制

琵琶湖流域所有工厂和企业需要严格遵守《水污染防治法》《公害防治条例》《富营养化防治条例》规定的排放标准。琵琶湖流域的相关法律法规是日本国家标准严格度的近10倍。有关部门对流域内的工厂、企业进行严格监管，通过对其内部检查和污水水质检查，对于不符合法律法规的工厂、企业实施司法处置。如2010年，相关机构和部门随机抽取流域内499家工厂和企业，对471家工厂的排污进行水质检查。结果显示，只有51家工厂和企业不符合要求，达标排放率高达90%。通过严格的规章制度和监管制度，有效控制了琵琶湖流域工厂企业的工业点源污染（贾更华，2004）。

污水处理系统（大型集中式污水处理净化中心）是琵琶湖流域水污染治理的核心。滋贺县琵琶湖综合治理年度财政支出的一半用于下水道管网和污水处理厂的建设和运行。2012年，琵琶湖城市下水道普及率达到86.4%，高于日本75.1%的全国平均水平，污水处理厂及设施全面实现了高水平处理（即三级深度处理）。污水高水平处理率达到83%，远远超过日本14%的全国平均水平，也处于世界前列，作为农业大省的滋贺县充分体现了其对琵琶湖的保护强度（余辉，2014）。

5.2.3.2 流域面源污染控制

净化池是日本独有的污水处理设施，主要用于处理一户或一栋建筑物排放的生活污水，这是一个分散的污水处理设施。20世纪50年代中期至70年代初是日本经济快速发展时期，冲厕污水分离净化池发展迅速。直到20世纪80年代初，净化池作为冲厕所和处理粪便的有效设备被广泛应用，其形式也逐渐由分离式发展为组合式。净化池分为小型净化池，主要用于处理一户生活污水；中大型净化池，主要用于处理建筑物和居民区生活污水。经过净化池处理后的水可直接排入当地水体。1983年5月，日本制定了《净化槽法》，滋贺县政府颁布了《滋贺县合并处理净化池安装与制备实施指南》，鼓励使用可同时处理粪便、尿液和生活污水的联合净化池，在污水收集区以外的地区设置联合净化池，同时实行补贴制度。1998年之后，净化池数量大幅减少，但其在生活污水处理和水资源循环利用领域的重要作用不容忽视。为改善农村生活环境和防止农业水污染，建设了农村居民点排水处理设施，即农村下水道，主要用于公共下水道覆盖范围外、人口不足1 000人的农村居民点。农村下水道可以处理一个或多个农村污水，其运行主体是当地的农民组织。农村污水处理系统与公共下水道一样，在二级处理的基础上增加了脱氮除磷的处理。目前，琵琶湖流域共有农村居民点排水处理设施222处，基本实现了流域100%覆盖（顾岗等，2001）。

琵琶湖南湖以及其周围的陆地区域是琵琶湖流域污染最严重的地区，市区初期的雨水净化对策也集中在这个地区实施。市区地面、道路、建筑物屋顶上堆积的污染物，随着雨水流入琵琶湖，这些是污染中不容忽视的一部分，特别是初期的雨水更加严重。为了减少城市街道流出污染负荷，将污染物浓度较高的初期雨水引入净化设施，通过储藏使其沉淀，上层的清水接触氧化、植物净化等过程进行净化，在冬季植物净化能力下降的情况下用土壤净化设施进行处理，处理过程中产生的污泥通过水泵输送到流域下水道，在湖中净化中心进行处理。

每年 5 月，耕种的季节都会产生大量的排灌废水，农业的灌溉废水对琵琶湖水质造成严重影响。为防止农田排灌污水流入琵琶湖，当地设置了农田循环灌溉设施或循环利用设施。现有的水池或池塘用于收集农田排水并进行沉淀和净化，并通过循环水泵循环使用。这些设施的有效利用，不仅可以使非点源减少，而且便于污水的集中管理和处理，也极大地促进了农业排水的再利用，有效地减少了农田非点源污染的产生。目前，这些措施已成为琵琶湖流域农业废水综合治理对策。除上述措施外，为控制湖盆农业面源污染，还采取了减少农业肥料用量、提高肥料利用效率、农药由政府补贴等策略。

5.2.3.3 流域过程中污染控制

（1）上游地区。随着人口增长和经济发展，日本琵琶湖土地利用面临着巨大的压力。管理者努力使上游地区各县正确合理地利用土地，具体措施有：①植树造林，以保全国土、提高水质；治山事业、防沙事业；整治林内道路网络；培养森林管理人员等。②努力发展与环境协调的农业，从而减少环境污染的负荷。具体措施包括：梯田的保护、整治；农业基础设施的建设、整治；农场整治事业；农村整治事业；乡间水土保持事业；基础水利设施管理事业等。③通过推进住宅用地雨水的地下渗透来减轻环境的负荷，并在住宅、建筑物内安装节水型设施。

（2）中游和湖周围地区。为了不给琵琶湖增加污染负荷，管理者针对不同的行动主体及产业部门制定了不同的措施：①琵琶湖流域的居民尽量用完家用食物油，不要浪费，如果有废油，应该进行回收或用废纸吸干。②规定居民购物时应携带购物袋，尽量购买使用再回收容器包装的商品。③规定企业应从产品原料的采购抓起，力求从产品的采购、制造，到消费、废弃阶段全面降低对环境造成的负担，构建资源循环型社会。④农业部门根据土壤成分、土壤测样分析进行合理的施肥，尽量减少化肥的使用量。⑤规定林业部门努力对人造林及天然林进行培育和管理，以提高森林的蓄水及水质净化能力。⑥为制造业制定污染排放标准并对其进行监控等。

（3）下游地区。与中游地区的治理方法类似，管理者也为下游地区不同的行动主体和部门制定了不同的管理措施：①要求居民改变家庭生活方式，努力做到节约用水，使用节水槽；洗完澡的水再用来洗涤别的东西；刷牙及洗发时，及时关掉水龙头；减少洗涤次数，选择节水型洗衣机等。②要求企业有效利用水资源，尝试进行水的循环使用。③要求农业部门在平整水田及插秧期间尽量减少污水的排放量，并努力防止田埂漏水。④要求制造业尽量避免过量抽取地下水，减少地下水的使用量以做到节约用水。

5.2.4 小结

琵琶湖是世界上比较古老的湖泊之一，是滋贺县和周边地区2个府和4个县的生活和工业水源，琵琶湖是典型的贫营养湖，现在已经在向富营养化湖发展。按照OECD的标准，北湖现在是中营养湖，南湖正在从中营养湖向富营养湖转变。日本琵琶湖主要存在污染严重、水质下降、湖泊环境污染等问题，日本分别从流域的点源、面源以及流域过程中进行了控制，并对流域上、中、下游地区制定具体的污染控制管理措施。

5.3 欧洲莱茵河的流域保护对策

5.3.1 莱茵河的概况

莱茵河是西欧最大的河流，全长1 232千米。它发源于瑞士阿尔卑斯山北麓，流经利希滕斯坦、奥地利、法国、德国和荷兰西北部地区，最后流入鹿特丹附近的北海。1815年维也纳会议以来，莱茵河已成为国际航运航道，通航长度869千米，流域（含三角洲）面积22万平方千米。

莱茵河是西欧南北交通大动脉，莱茵河流域多属海洋性气候，四季有雨，雪源供水，使莱茵河水位丰富稳定，为航运提供极大便利。莱茵河水系分为上游、中游和下游。从源头到瑞士巴塞尔，是莱茵河的上游，河谷狭窄，河床坡度大，水源丰富，径流系数高达75%；从巴塞尔到德国波恩是中游，莱茵河中段是莱茵河最壮丽、最富有传奇色彩的河段，根据水文特征和流域条件，中游可分为莱茵河上游低地和莱茵河流域；莱茵河下游从波恩到河口，在边境城镇埃默里奇的南面。在荷兰的三角洲地区，莱茵河被分成许多宽阔的支流，如莱克河、瓦尔河、梅尔韦德河等。河流流经德国北部平原和比利时、荷兰、卢森堡低地，地势低洼，河面宽阔，水流平缓，进入荷兰境内后，与马斯河和斯卡尔河形成了一个巨大的三角洲。

莱茵河是世界上最重要的工业运输干线之一，也是世界上最繁忙的河流之一。莱茵河还通过一系列运河与其他河流相连，形成了四通八达的水运网络。莱茵河运费低有利于降低原材料成本，这是莱茵河成为工业生产区主轴的主要原因。目前，全世界1/5的化工产品产自莱茵河沿岸，这条河不仅具有交通功能，而且是美丽的风景、历史和文化的载体。莱茵河激发了欧洲诗歌、绘画和文学创作的灵感，由于充足的光照、肥沃的土地和充足的水量，莱茵河流域的人们种植各种农作物以保障人们的基本生活。因此，莱茵河是欧洲具有历史意义和文化传统的河流之一（陈维肖等，2019）。

5.3.2 莱茵河水环境存在的问题

20世纪中叶以来，随着工业的迅速发展，莱茵河一度成为欧洲最大的“下水道”。仅在德国就有大约300家工厂向河里排放了数千种污染物，如酸、漂白液、染料、铜、镉、汞、洗涤剂和杀虫剂等。此外，莱茵河还受到河中船舶排放的废油、河两岸居民倾倒的污水和废渣以及农场化肥、农药的严重污染。

5.3.2.1 莱茵河的水质污染

随着莱茵河流域人口的增长和工业化进程的加快，莱茵河流域生活污水和工业废水越来越多，水污染问题日益突出。第二次世界大战后，流域各国大力修复和发展经济，修建建筑物和完善交通轨道，大面积地破坏了植被用地，污染进一步加剧。因此，莱茵河水体污染以工业污染为主，重金属负荷很高，氮、磷污染突出。在工业发展过程中，各国为了本国的经济利益，把莱茵河作为运输通道和“下水道”。河两岸工厂倾倒的工业废水、污水和废渣，以及农场的化肥、农药等，给莱茵河带来了严重污染。同时，伴随着法国阿尔卑斯山钾盐开采，大量副产品氯化钾被注入河流，使河水中氯化物含量超标。据估计，这条河中当时有1 000多种有害物质。大规模的工业化创造了巨大财富，同时莱茵河也付出沉重代价。到了20世纪70年代，莱茵河的含氧量降到了历史最低水平，重金属污染、有机污泥污染、热污染和化学污染严重，因此被称为“欧洲的下水道”。

5.3.2.2 生态系统破坏

莱茵河作为工业航运的主要干线，来往于莱茵河的货船每年要排出2万吨的废油。并且，沿河的水力发电站的冷却水也直接流入河流，引起热污染，对水生生物的生存产生严重影响。到了1965年，莱茵河氧气容量（DO）已低于1毫克/升，莱茵河上游和中游的鱼虾几乎灭绝。1971年，莱茵河的氧气含量下降到历史最低水平，鱼类大量死亡，德国中部的卡姆河支流入莱茵河的河口到科隆段大概200千米左右的河道鱼类消失。由于缺氧，所有的水生生物都在被污染的德国、荷兰国境的河道上绝迹。为了发电而建设的人为渠化的河道阻碍鱼类游去上游的产卵区，产卵区的流速和泥沙的沉积条件也会因堤坝形成的高水位而发生变化。另外，由于机械工具的过度捕捞和水质严重污染，莱茵河流域水生动物区的种类大幅度减少，多样性和生态系统都受到了严重的损害。

以莱茵河最重要的鱼类——大西洋鲑（*Salmo salar*）为例，如图 5.1 所示，19 世纪 70 年代开始数量持续下降，20 世纪 50 年代末在莱茵河灭绝。

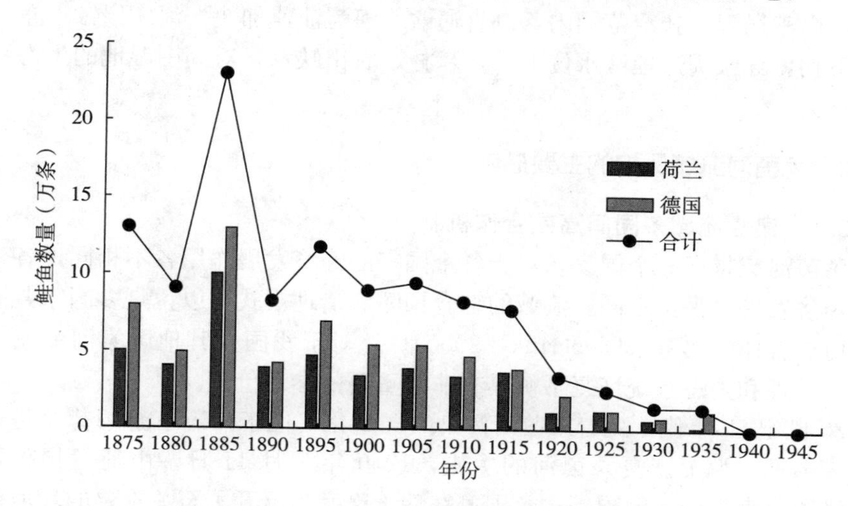

图 5.1　1875—1945 年德国和荷兰的鲑鱼捕捞数

注：修改自 Van DiJk et al.，1995。

5.3.2.3　流域洪水威胁

莱茵河流域以往的河川和岸线开发过程中，过分强调防洪和排水等功能，由于缺乏生态观念和整体观念，采用裁弯取直、修堤筑坝等工程措施大规模改造河的空间，蚕食河流空间，使天然洪泛区域面积不断减少。由于人类的定居和农业的发展，过去两个世纪以来，莱茵河的自然冲积区域减少了 85%以上。例如，德国卡尔斯鲁厄（Karlsruhe）地区的莱茵河上游，由于堤坝的建设，洪水期被淹没的海滩减少了 60%，面积达到 130 平方千米。自然河川的人工通道化和河岸硬化，在自然状态下人为地改变了岸带植被和土壤的滞水状况以及水文地理系统，提高了洪水的最高水位和洪峰流量，导致了排水沿河堤坝及其他防洪工程未能提供足够的安全保障，莱茵河流域洪水危险性大幅增加。除了全球气候变化造成的极端降水事件和降水分布不均外，莱茵河流域洪涝灾害频发增加，于 1882—1883 年、1988 年、1993 年和 1995 年，大部分流域发生洪水，沿河许多城市被淹没。1995 年的洪水导致荷兰沿河的堤坝决口，迫使大约 25 万人迁移，造成了数十亿荷兰盾损失。

5.3.2.4　土地开发无序

20 世纪，由于西欧人口的迅速增长，莱茵河两岸土地被大规模开垦，人们为了增加粮食产量，在大量灌木林中挖沟，降低水位，以适应农作物的生长，这导致了流域的各种自然特征都发生了变化。排水造成大面积地面沉降并低于海平面，海水位上升，防洪形势十分严峻。由于洪水面积的不断变化，住在这个地区非常危险。另外，为改善通航条件，采用工程措施裁弯取直和束窄河道，由于局限于狭窄范围内，改直通航，河流流速加快，河床侵蚀严重，并伴随下切，导致周边地区水位下降，森林、农田缺水，对周围湿地的生态系统影响很大。

5.3.3 莱茵河流域保护的主要措施

5.3.3.1 建立流域多国间高效合作机制

莱茵河跨越了9个国家，对于各个国家的经济发展作用各不相同，各个地区的经济发展水平也不同。流域的综合预防和治理模式可以说是多国家共同参与、协调合作的典范（Dieperink，2000）。这对于我国及其他国家河流流域的预防、治理和生态系统恢复平衡具有非常重要的参考价值。

20世纪50年代，随着莱茵河污染的严重化，位于河流下游的荷兰是第一个受害国家。为了恢复莱茵河的生机，1950年7月11日，由荷兰提议，瑞士、法国、卢森堡、德国等5个国家在瑞士巴塞尔召开了至关重要的环境保护会议，成立了“保护莱茵河国际委员会”（International Commission for the Protection of the Rhine，ICPR)，目的是全面处理流域的保护问题并寻求解决方案，从此奠定了国际共同管理的合作基础；1963年，《莱茵河伯恩保护条约》奠定了莱茵河流域国际协调与发展的基础；1976年，欧盟也作为缔约者参加了该委员会，这大大强化了莱茵河保护国际委员会的行动能力。

该委员会主要负责以下4个任务：①根据预定目标，准备进行国际流动管理对策、行动计划以及流域生态系统的调查；针对各项目的对策和行动计划，制订合理有效的方案；协调莱茵河流域各国之间的预警计划；对流域各国的行动计划的效果进行综合评价等。②遵从行动计划的要求，作出科学的决断。③向莱茵河流域各国提供综合年度评价报告书。④向莱茵河各国宣传流域的环境状况和治理成果。

5.3.3.2 分阶段编制并联合实施流域治理规划

20世纪80年代以来，ICPR在国际合作的情况下，签订了有关莱茵河流域管理的一系列协议。成员国协调行动，在改善莱茵河环境和流域管理方面发挥了很大作用。1976年，各成员国签订了《化学污染防止条约》《氯化物污染抑制条约》，要求各成员国建立监测系统和水质警告系统，控制化学物质的排放标准。具体的管理措施如下：

第一，莱茵河生态恢复的第一步——“莱茵河行动计划”（Rhine Action Program)。1987年由各成员国通过了“莱茵河行动计划”，这个计划把生态系统的恢复作为莱茵河重建的主要指标。第二，莱茵河生态恢复的第二步——

“莱茵河2020”（Program for the Sustainable Development of the Rhine，PS-DR)。2001年1月29日，在法国斯特拉斯堡召开的第13次部长级会议上，“保护莱茵河国际委员会”签署了“2020莱茵河流域可持续发展计划”，即“莱茵河2020”（张敏等，2020)。其原则是通过水资源管理、自然保护、城市规划和防洪等综合措施，改善莱茵河生态系统、地表水水质、防洪体系和地下水保护。该计划倡导各国积极采用各种先进技术，从根本上解决各种点源污染问题，实现“人水共存”的目标，使莱茵河流域的可持续发展管理成为欧盟流域管理政策的典范。

5.3.3.3 建立量化指标体系和生态修复计划

莱茵河规划和治理在欧盟框架下统一实施，为达成统一目标制定许多量化考核指标。“莱茵河行动计划”的主要目标是：到2000年，使某些物种重返莱茵河，以物种重返莱茵河作为证明整个河流生态恢复的迹象，特别是鲑鱼（在20世纪50年代已经从莱茵河消失)，这是河流治理的长期规划，也被称为“鲑鱼-2000项目”。“莱茵河行动计划”还提出了一系列可衡量的指标，如1985—1995年控制物质排放量减少50%。ICPR（2004）在“莱茵河2020”中坚持以生态环境作为考察指标：①到2020年，莱茵河低地的洪水风险将比1995年降低25%；莱茵河上游地区的洪水水位必须降低70厘米。②只要处理简单，水质就可以饮用；莱茵河能捕到鱼，贝类和虾类适合人类食用；在莱茵河某些规定的流域，必须达到游泳的标准；水下沉积物不应污染环境。③必须保护好地下水，确保地下水开采与补偿的平衡。

5.3.3.4 建立完善的监测预警体系

为确保水源保护和治理的有效性，“保护莱茵河国际委员会”在莱茵河及其支流设立了水质监测站，从瑞士到荷兰共有57个监测站。通过最先进的方法和技术手段，对莱茵河进行监测，形成监测网络，每个监测站还配备了水质预警系统。通过对水质的连续生物监测和实时在线监测，可以及时预警短期和突发性环境污染事故。ICPR和莱茵河水文组织（CHR）于1990年联合开发了“莱茵河早期预警模型”，以实时监测莱茵河水质，防止突发污染事故的发生。

5.3.3.5 建立流域信息互通平台

ICPR在推进行动计划强有力实施的同时，重视各国间的紧密合作和协调，建立了“国际警报方案”，莱茵河沿岸各国通过平台进行信息交换，在这个平台上可以共享信息，可以及时得到莱茵河水质的状况等信息。当发现污染物时，可在瑞士、法国、德国、荷兰的7个警报中心迅速沟通，确认污染物来源，并发出警报，提醒流域的其他国家作出应对方案（周刚炎，2007)。

5.3.3.6 宣传并号召公民保护水资源和环境

在瑞士巴塞尔，市民被要求积极参加水资源和环境保护活动。瑞士联邦政府和相关各州政府部门除了随时在网上公布最新的《环境保护法》外，还将环境保护教育的内容纳入中小学的必修科目，专门开设了“人与环境”的课程，这些做法的目的是加强全民的环保意识。巴塞尔政府一直在进行一些宣传活动，提高公民的环保意识。在政府的大力宣传下，巴塞尔的居民节水意识越来越高，巴塞尔乃至瑞士的水资源保护工也在有效地进行。目前，水资源保护已经不是瑞士环境保护委员会关注的首要问题，现在委员会更关心全球变暖、交通问题、地下废弃物的处理和能源问题（郑人瑞等，2018）。

尽管如今的莱茵河流域地区人口稠密，航运繁忙，但莱茵河仍然清澈见底。人们可以在河里游泳，也可以把河水加工成饮用水。清澈的莱茵河增强了巴塞尔的吸引力，使巴塞尔的工业在世界上获得更高的地位。未来，巴塞尔不仅不会减少对莱茵河污染保护和防治的投入，还将通过更先进的技术提高对水质的控制，使莱茵河一如既往地清澈。

5.3.4 小结

莱茵河作为世界上主要的工业运输干线之一、世界上最繁忙的河流之一，曾经莱茵河的水质遭到了重大的污染。但是，经过流域国家之间的高效合作，通过制定并执行生态修复计划，明显改善了曾经“工业下水道”的水质和莱茵河的生态系统。各个国家不仅积极地对莱茵河水质进行治理，而且通过建立完善的监测和预警体系，通过对水质的连续生物能监测和实时在线监测，以免莱茵河再次遭到污染。为了保护莱茵河良好的水质状态，各个国家建立流域信息互通平台，一旦发生污染或者在某个流域发现污染物进入河流，其他的国家能及时得到警报并实施相应的处理措施。现如今，莱茵河流域人口众多，航运任务大，但在各个国家和人民的积极保护下依旧清澈。

参考文献

白音包力皋，许凤冉，高士林，等，2018. 日本琵琶湖水环境保护与修复进展 [J]. 中国防汛抗旱，28 (12)：42-46.

陈维肖，段学军，邹辉，2019. 大河流域岸线生态保护与治理国际经验借鉴——以莱茵河为例 [J]. 长江流域资源与环境，28 (11)：2786-2792.

窦明，马军霞，胡彩虹，2007. 北美五大湖水环境保护经验分析 [J]. 气象与环境科学 (2)：20-22.

顾岗，刘鸿志，2001. 琵琶湖和太湖污染治理的比较和对太湖治理的建议 [J]. 世界环境 (3)：32-34.

贾更华，2004. 琵琶湖治理的“五保体系”对太湖治理的启示 [J]. 水利经济 (3)：14-16.

汪易森，2004. 日本琵琶湖保护治理的基本思路评析 [J]. 水利水电科技进展，24 (6)：1-5.

谢德体，张文，曹阳，2008. 北美五大湖区面源污染治理经验与启示 [J]. 西南大学学报（自然科学版），30（11）：81-91.

余辉，2014. 日本琵琶湖污染源系统控制及其对我国湖泊治理的启示 [J]. 环境科学研究，27（11）：1243-1250.

张敏，刘磊，蓝艳，等，2020.《莱茵河 2020 年行动计划》实施效果评估结果及《莱茵河 2040 年行动计划》主要内容——对编制黄河生态环境保护规划的启示 [J]. 四川环境，39（5）：133-137.

张兴奇，秋吉康弘，黄贤金，2006. 日本琵琶湖的保护管理模式及对江苏省湖泊保护管理的启示 [J]. 资源科学（6）：39-45.

郑人瑞，杨宗喜，杜晓敏，2018. 莱茵河流域综合治理经验与启示 [N]. 中国矿业报，06-20（001）.

周刚炎，2007. 莱茵河流域管理的经验和启示 [J]. 水利水电快报，28（5）：28-31.

Angradi T R，Williams K C，Hoffman J C，et al，2019. Goals，beneficiaries，and indicators of waterfront revitalization in Great Lakes Areas of Concern and coastal communities [J]. J Great Lakes Res.，45（5）：851-863.

Dieperink C，2000. Successful international cooperation in the Rhine catchment area [J]. Water International，25（3）：347-355.

G E Petts，1988. Water Management：The Case of Lake Biwa，Japan [J]. Geographical Journal，154（3）：367-376.

Hiriart-Baer V P，Diep N B，Smith R E H，et al，2008. Dissolved organic matter in the Great Lakes：Role and nature of allochthonous material [J]. Journal of Great Lakes Research，34（3）：383-394.

Kitagawa Zen-Ichiro，2011. Measures for the conservation of water quality in Lake Biwa and the Akanoi Bay initiative [J]. Lakes and Reservoirs：Research and Management，16（3）：211-214.

Nakatsu C H，Byappanahalli M N，Nevers M B，2019. Bacterial community 16S rRNA gene sequencing characterizes riverine microbial impact on Lake Michigan [J]. Front Microbiol.（10）：996.

Tuchman M L，Cieniawski S E，Hartig J H，2018. United States progress in remediating contaminated sediments in Great Lakes Areas of Concern [J]. Aquatic Ecosystem Health & Management.，21（4）：438-446.

United States Environmental Protection Agency，2000. National water quality inventory：1998 report to congress [M]. Washington D C，U S A：Office of Water Washington D C，June.

VanDijk G M，Marteijn Ecl，Schultewulwerleidig A，1995. Ecological rehabilitation of the River Rhine：Plans，progress and perspectives [J]. Regulated Rivers：Research & Management，11（3-4）：377-388.

我国湖泊型水源地的治理案例

6.1 河北省白洋淀水环境现状及保护实施方案

6.1.1 河北省水资源概况

2019年河北省地表水资源量51.37亿立方米，2019年全省地下水资源量97.83亿立方米，扣除地表水和地下水资源的重复计算量，全省水资源总量113.50亿立方米，比2018年减少50.54亿立方米，比多年平均值少91.19亿立方米。人均及亩①均水资源量分别为149.9立方米和116.0立方米。河北省是严重的资源型缺水省份之一，人均水资源占有量仅为全国平均水平的1/7，远低于国际上公认的人均1 000立方米缺水标准（吕长安，2003）。并且，随着社会经济的发展，河北省用水量逐年增长，水资源的供需矛盾十分突出。除了水资源总量不足，河北省部分地表水源地还存在着水质污染等问题，进一步加剧了河北省水资源短缺的状况。

2019年，河北省对16座水库和衡水湖、白洋淀进行了监测。不计总氮，岗南水库等12座水库水质达到了Ⅱ类水质标准，水质优；衡水湖、陡河水库、邱庄水库、洋河水库水质达到Ⅲ类水质标准，水质良好；白洋淀水质为Ⅳ类，为轻度污染。主要污染指标为COD、高锰酸盐指数和BOD。湖库淀的富营养化状况方面，王快水库和西大洋水库2座水库为贫营养，岗南水库、黄壁庄水库等11座水库为中营养，白洋淀、衡水湖、龙门水库、石河水库和洋河水库为轻度富营养。

6.1.2 白洋淀概况

白洋淀流域位于太行山东麓，东经113°39′—116°11′，北纬39°4′—40°4′，属海河流域大清河水系，流域总面积3.12×10^4平方千米。行政区范围涉及河北省、山西省和北京市，流域在河北省分布的面积占整个流域总面积的81.04%，跨保定、廊坊、沧州、张家口、石家庄及衡水等市，其中保定市境内面积为2.21×10^4平方千米，占总流域面积的70.8%（宋中海，2005）。白洋淀流域在山西省和北京市分布的面积占整个流域面积的比例相对较少，分别

① 亩为非法定计量单位。1亩=1/15公顷。

为11.85％和7.11％（韩美清等，2007）。白洋淀是华北平原最大的淡水湖泊，素来有“华北明珠”“北国江南”的美誉，将其划归雄安新区管辖后，承担着支撑新区发展的重要生态水体功能。

白洋淀流域内地形地貌复杂，地势西高东低，山区占流域面积的64.1％。山区主要是森林和草地，平原地区主要是农田。森林、草地和农田分别占流域面积的26.13％、26.74％和36.57％。白洋淀流域属暖温带大陆性季风气候区，由于受到地形、海洋等多方面因素的影响，白洋淀具有四季分明的特征。流域具有冬季寒冷少雨、秋季晴朗、夏季炎热多雨、春季干旱少雨的特征。气温时空差异较大，山区年平均气温为7.4℃，平原区年平均气温为12.7℃。流域人口稠密，每平方千米已超过448人，大大高于全球人口密度45人/平方千米（白杨等，2013）。白洋淀流域内多年平均水资源量为31.18亿立方米，人均水资源量仅为297立方米，大大低于国际公认的人均500立方米的极度缺水线，属极度缺水地区。

6.1.3　白洋淀水环境现状

白洋淀水质曾一度处于劣Ⅴ类，自2017年河北雄安新区设立以来，白洋淀划归雄安新区管辖，成为雄安新区发展的重要生态水体。近年来，雄安新区采取多种措施对白洋淀生态环境进行修复治理，白洋淀生态水位逐渐回升，水质由劣Ⅴ类转变为Ⅳ类。

2018年12月，对白洋淀水质现状评价的结果表明，白洋淀总体为Ⅳ类水质，呈现轻度污染状态，其中Ⅱ类水质断面1处，Ⅲ类水质断面2处，Ⅳ类水质断面5处，Ⅴ类水质断面1处，其主要污染物超标项目为总磷、高锰酸盐指数、BOD_5等。通过综合营养状态指数法对淀区的富营养化程度进行评价，结果表明2018年12月白洋淀淀区呈现轻度富营养化状态。

据2019年河北省生态环境状况公报显示，白洋淀水质为Ⅳ类，轻度污染；白洋淀富营养程度为轻度富营养。这表明白洋淀水质和富营养状况近几年都有所好转，白洋淀1998—2018年水质与富营养化状况见表6.1。

表6.1　白洋淀1998—2018年水质与富营养化状况（李玲玲等，2019）

年份	淀区水位	水质状况	富营养化状况	主要污染物
1998	约7.8米	中度污染	—	化学需氧量、高锰酸盐指数、总磷
1999	平均水位6.8米，接近干淀	水质较差	—	化学需氧量、高锰酸盐指数、总磷
2002	干淀	—	—	—

（续）

年份	淀区水位	水质状况	富营养化状况	主要污染物
2004	—	75%Ⅳ类，25%Ⅴ类或劣Ⅴ类	贫-中富营养化	化学需氧量、高锰酸盐指数
2005	—	87.5%Ⅳ类，12.5%劣Ⅴ类	贫-中富营养化	化学需氧量、高锰酸盐指数
2006	—	劣Ⅴ类	重度富营养	化学需氧量、高锰酸盐指数和氨氮
2007	—	50%Ⅳ类，50%Ⅴ类或劣Ⅴ类	重度富营养	化学需氧量、高锰酸盐指数和氨氮
2008	—	12.5%劣Ⅴ类，37.5%Ⅴ类，50.0%Ⅳ类	中度富营养	化学需氧量、高锰酸盐指数和氨氮
2009	—	12.5%劣Ⅴ类，87.5%Ⅳ类	轻度富营养	化学需氧量、高锰酸盐指数和氨氮
2010	—	Ⅲ类至劣Ⅴ类	中度富营养	化学需氧量、高锰酸盐指数
2011	—	Ⅳ类至劣Ⅴ类	轻度富营养	化学需氧量、总磷和高锰酸盐指数
2012	—	Ⅳ类至劣Ⅴ类	轻度富营养	化学需氧量、总磷和高锰酸盐指数
2013	—	Ⅴ类	轻度富营养	化学需氧量、总磷和高锰酸盐指数
2014	—	劣Ⅴ类	轻度富营养	化学需氧量、总磷和高锰酸盐指数
2015	—	劣Ⅴ类	轻度富营养	化学需氧量、总磷
2016	—	Ⅴ类	轻度富营养	化学需氧量、总磷
2017	—	Ⅴ类	轻度富营养	化学需氧量、总磷
2018	—	Ⅳ类	轻度富营养	化学需氧量、总磷

但总体来看，白洋淀仍是河北省地表水源地中水质状况和富营养化状况较差的水源地，距离生态健康、水质良好的优质水源地仍有较大差距。

6.1.4 白洋淀水环境存在的主要问题

由于受气候条件和人类活动的影响，白洋淀入淀地表径流逐年减少。并且，接纳了大量的城镇生活污水、工业废水和用于农业生产的农药、化肥，造成白洋淀生态水位不断下降、水质严重污染，甚至在20世纪曾经多次干淀，白洋淀流域生态环境受到严重威胁。具体表现为生态缺水、水体污染、富营养化严重、湿地生物多样性受到破坏以及生态系统脆弱等。

6.1.4.1 白洋淀流域水资源严重缺乏

白洋淀良好生态功能的水位应维持在8.4米以上。然而，淀区近年来生态水位只能维持在7米左右。白洋淀流域多年平均降水量为563.9毫米，年平均蒸发量为1 369毫米，蒸发量远大于降水量。在全球变暖的背景下，气候变化加剧了白洋淀流域水资源供应的紧张，区域降水量持续减少、入淀地表径流补给减少（罗义等，2020）。一系列自然因素和人为因素使得白洋淀流域水资源严重匮乏。因此，水资源严重不足是导致白洋淀诸多生态环境问题产生的最主要原因。

6.1.4.2 白洋淀水体污染和富营养化程度严重

白洋淀水体污染和富营养化的产生的原因有很多。一方面，白洋淀流域上游经济发展，增加了工业入淀污染负荷，是白洋淀淀区生态环境恶化的重要因素（李琳琳等，2019）。白洋淀上游多家高污染、高排放的企业与作坊存在偷排、漏排现象，虽然高排污工业企业已经整改，但仍存在大量污水排入附近河流，并随水体流动迁移至白洋淀中（罗义等，2020）。另一方面，农业面源污染是白洋淀水体污染物的另一大来源。农业所需农药、化肥不合理的使用和畜禽养殖的粪便堆积导致农业面源污染增大，污染物随地表径流进入附近河流从而造成严重污染。此外，由于白洋淀人口密度大，淀区附近的居民区产生大量的生活垃圾和生活污水，进入水体后，加剧了白洋淀水体污染的状况。淀区人口增加导致粮食需求增大，大面积开垦耕地造成淀区水土流失严重。据统计，白洋淀流域的年水土流失为 1 600 多万吨，导致河道淤积变浅、土壤肥力下降，并直接影响地表水水质。此外，白洋淀是著名的旅游景点，淀区周边的农家乐以及大量饭店等产生的垃圾和污水也是影响白洋淀水环境质量的因素之一。

6.1.4.3 生物多样性降低和生态脆弱

白洋淀曾有十分丰富的物种多样性，淀区内有野生鱼类、鸟类和浮游动植物 600 余种，在生物多样性的维护和生态平衡方面发挥着重要作用。然而，随着白洋淀生态水位的严重不足和水质恶化，淀区内的生物受到严重影响，物种数量急剧减少，部分鱼类基本消失或绝迹，给白洋淀的生物多样性造成了严重破坏（李琳琳等，2019）。白洋淀生态水位是影响白洋淀水源地生态环境健康、生物多样性和水质状况的重要因素。白洋淀流域资源性缺少使得该地区水源不足，湿地萎缩、生态水位下降和生态环境日益破碎化使得当地生态系统变得脆弱，加之水体环境的污染，降低了白洋淀的自净和调节能力，白洋淀生物多样性受到严重破坏，物种和种群数量大大减少。

6.1.5 白洋淀水源地已采取的保护和治理措施

6.1.5.1 进行生态补水

2016 年，河北省安新县协调省、市水利部门，对白洋淀实施 3 次生态补水，入淀水量 1.8 亿立方米，核心区域水位年均保持在 7.6 米左右，保持了白洋淀生态水位。2017 年，雄安新区对白洋淀进行了 2 次补水，入淀水量 6 215 万立方米。2017 年 4 月，白洋淀实时面积为 262.61 平方千米。2018 年，雄安新区对白洋淀进行了 4 次补水，入淀水量 1.72 亿立方米。2018 年 12 月，白洋淀实时面积309.789平方千米。截至2019年，水利部、河北省先后组织实施了40余次白洋淀生态补水，维护了一定的水域空间，形成了常态化的生态补水机制，有效地遏制了白洋淀水源地生态环境恶化趋势（杨薇等，2020）。

6.1.5.2 实施清淤工程

由于大量农药、化肥、工业废水、生活污水和生活垃圾进入水体，河道底泥中富集了各种各样的有机和无机污染物，导致水体质量差。近几年，相关部门积极实施清淤工程，清除河段淤积的污泥，同时种植荷花等水生植物，阻止底泥中富集的污染物质再次释放进入水体而造成污染。

6.1.5.3 开展淀区周边"散乱污"企业和畜禽养殖整治工作

淀区周边高污染的企业是白洋淀主要的污染来源之一。近几年，相关部门开展了对淀区周边"散乱污"企业整治工作，从源头上减少入淀污染负荷量。2018年，雄安新区三县新排查出"散乱污"企业1 433家，关停取缔类915家，整改提升类518家。2019年，河北省完成白洋淀流域提标改造67座污水处理厂，启动雨污分流工程项目37个，排查治理规模化畜禽养殖场3 718家。改造污水处理设施、提高污水排放标准、治理畜禽养殖等工作都有助于削减污染物的入淀量，为白洋淀流域水质提高、生态环境改善创造良好的外部环境。

6.1.6 白洋淀水源地水环境保护实施方案

白洋淀水源地的保护工作要从流域尺度出发，统筹考虑水量、水质、生态三大要素，以白洋淀水体质量、生态环境恢复目标为抓手，通过补水、治污、清淤、搬迁、划分功能区、宣传教育等措施综合管控和治理，全面恢复白洋淀昔日的"荷塘苇海、鸟类天堂"胜景与"华北明珠"风采。从流域尺度出发，统筹考虑水量、水质、生态三大要素，综合实施白洋淀生态修复和保护工程白洋淀的治理与保护不能仅仅局限于水源地保护区内，而应该从整个白洋淀流域尺度去着手，综合统筹白洋淀的污染修复治理和生态保护工作。污染物在水域环境中具有极强的迁移性，从集水区流域着手，能够综合考虑各种污染来源以及消减和治理措施。

6.1.6.1 建立常态化、多来源生态补水机制

白洋淀自然入淀水量减少，淀区蒸发量远大于降水量，使得白洋淀严重缺水。而合适的生态水位作为维持健康的水生生态系统的重要因素，水位过低将造成白洋淀湿地面积萎缩、生态空间缩小、环境承载能力降低、水质污染加剧、水文过程弱化以及生物多样性减少等一系列生态环境问题，保持良好的水位和水量是解决白洋淀生态环境问题的关键。白洋淀的生态退化和水质状况差与白洋淀资源型缺水有着重要联系，近几年曾对白洋淀进行多次生态补水，以

维持其健康的生态水位和淀区面积。由于白洋淀地区天然缺水，仅依靠本区域输水无法根本解决问题，未来需要形成常态化、多渠道的生态补水机制，以增强白洋淀的污染调蓄能力和维持健康的水生生态系统。

6.1.6.2　划定生态功能区，加强重点功能区的监管工作

将白洋淀的生态功能核心区域划为生态功能区，保护其中重要的动植物资源和生态环境，实施严格的生态环境管控措施，确保生态功能区的生态环境不退化，优先恢复生态功能区的水生生态和水质状况，确保生态功能区能持续发挥白洋淀重要的生态功能。将淀区的其他区域划分为生态服务功能区，主要用以展示白洋淀美丽的自然风貌和人文景观。生态服务功能区提供着多种白洋淀重要的生态系统服务功能，而且水文环境具有连通性，生态服务功能区的生态环境和水质状况会直接影响生态功能区。所以，在优先修复和保护生态功能区的基础之上，生态服务功能区的生态环境和水质状况也要逐步恢复。

6.1.6.3　加快建设完善的监测体系

提升白洋淀水环境监测能力建设，尽快建立统一的生态环境监测体系。科学加密白洋淀上游来水和白洋淀湖心区水质的监测布点，严密监控白洋淀生态水位高度、水质变化和富营养化状况。及时了解白洋淀淀区和入淀来水的水文状态，合理采取有效措施，针对性地开展水源地保护工作。

6.1.6.4　加强污染源的治理，从源头削减入淀污染负荷量

当前，白洋淀流域主要的污染源包括上游的工业企业污水排放、农业面源污染、淀区周边生活污水和生活垃圾、畜禽养殖废弃物、水产养殖以及旅游、餐饮等产生的污染物等。早些年白洋淀水质一直处于劣Ⅴ类，大量的污染物排放到白洋淀中，加之白洋淀水位下降、水量不足，使得污染状况加剧。近几年，开展了白洋淀周边的污染源整治工作，取得了一定成效。未来还需加强白洋淀周边污染源的治理工作，从源头减少污染物的排放，为白洋淀水质的恢复工作创造良好的外部环境。工业企业污水排放方面，虽然多家排污企业已经被关停或限制整改，但仍存在污水排放情况。对于污染企业，建立一份详细的污染源清单，明确每一家企业的污水排放量，确保所有工业污水全部收集进厂；积极扩建污水处理厂并改造污水处理设施，提高污水排放标准，以切实有效地削减工业企业污染负荷。对于淀区农业污染，改进耕作方式，推广绿色无公害农业，减少农药、化肥使用，减少污染排放，节约水资源。淀区周边生活污水和生活垃圾要集中收集处理，严禁随意排放和丢弃致使污染水体。对于淀区存在的养殖污染问题，应合理划定养殖区域，优化养殖模式，科学规划管理，合理控制养殖规模和容量，发展有机与生态养殖；粪便资源化处置，减少养殖污染，防治水体因氮、磷元素过多而产生富营养化。对于淀区内船舶和旅游餐饮

污染进行专项治理，最大限度减少对水质的污染。

6.1.6.5 逐步有序开展淀区纯水村搬迁工作

淀区纯水村搬迁是白洋淀水源地生态环境治理和保护重要措施。白洋淀水源地开展污染防治和生态治理要做好淀区内纯水村的搬迁工作，纯水村要分批有序实施外迁。其中，生态功能区内村庄的居民先行搬迁，生态服务功能区村庄有序外迁。纯水村外迁有利于恢复白洋淀的自然景观，减少人为干扰。同时，也能够减少淀区周边村庄产生的生活垃圾、生活污水对淀区水体造成的污染。

6.1.6.6 将淀区内的稻田和旱地逐步恢复为湿地

将淀区内的农田逐步恢复成湿地是改善白洋淀生态环境的重要举措。建筑用地和农田的增加使得白洋淀湿地景观日趋破碎化，将农田恢复为湿地，有利于减少白洋淀景观的异质性，恢复自然生态系统。而且，在淀区内种植农作物也会增加农业灌溉水的使用，化肥、农药的施用会加剧白洋淀流域的农业面源污染。所以，农田恢复为湿地还有利于减轻白洋淀地区缺水和农业面源污染的状况。

6.1.6.7 加强白洋淀生态修复和生物多样性恢复工作

要改善水体生态环境，可以从生态修复技术的角度着手。例如，强化上游水土保持和绿化工作，提高植被覆盖度、涵养水源、防治水土流失。在淀区周围建设河滨带、生态浮床、芦苇湿地或绿化工程，既可以增加淀区植物多样性，又可利用水生植物消耗氮、磷，以控制水体富营养化，净化水体。积极引进白洋淀现已绝迹的名贵鱼种和鸟类，以恢复和保持白洋淀的生物多样性。

6.1.6.8 加强宣传教育工作，提升当地居民和游客的环保意识

通过宣传白洋淀重要的生态功能，让当地居民和游客意识到白洋淀水源地之于雄安新区，乃至整个华北平原的重要性，提升白洋淀水源地在人们心中的重要性。加强人们的环保意识，减少生活垃圾、生活污水和观光旅游导致的水体污染。呼吁人们共同行动起来，一起保护好白洋淀。

6.1.7 小结

河北白洋淀水质为Ⅳ类，轻度富营养。受气候条件和人类活动的影响，白洋淀区域降水量持续减少、入淀地表径流补给减少，蒸发量远大于降水量，生态缺水是白洋淀最突出的水资源环境问题。白洋淀针对性地开展了生态补水、实施清淤工程以及淀区周边“散乱污”企业和畜禽养殖整治工作，多方合力形成了常态化的生态补水机制。

6.2 山东省东平湖水环境现状及保护实施方案

6.2.1 山东省水资源概况

水资源紧缺是山东的基本省情，也是国民经济和社会发展的重要制约因素。据2019年山东省水资源公报显示，2019年全省水资源总量为195.21亿立方米，其中地表水资源量为119.66亿立方米、地下水资源与地表水资源不重复量为75.54亿立方米，当地降水形成的入海、出境水量为102.07亿立方米。比2018年水资源总量偏少43.1%，比多年平均水资源总量偏少35.6%。2019年全省总供水量为225.26亿立方米。其中，当地地表水供水量、跨流域调水量（引黄、引江）、地下水供水量和其他水源供水量占比分别为22.18%、38.66%、34.92%和4.24%。2019年全省总用水量为225.26亿立方米。其中，农田灌溉用水、林牧渔畜用水、工业用水、城镇公共用水、居民生活用水和生态环境用水占比分别为53.16%、8.20%、14.15%、3.55%、13.01%和7.93%。

2019年11月，全省83个国控地表水考核断面中，水质优良（Ⅰ—Ⅲ类）比例维持在56.6%，未达到年度约束性指标要求（不低于57.8%），差于2018年同期2.4个百分点，环比持平；劣Ⅴ类水体控制比例为3.6%，达到年度约束性指标要求（不高于3.6%），优于2018年同期3.6个百分点，环比下降2.4个百分点。16个地级市中，济宁、烟台2市水质优良水体比例未达到年度目标（烟台主要因河流断流造成），聊城、德州、临沂、潍坊、济南、滨州6市优于目标要求；仅威海1市劣Ⅴ类水体控制比例未达到年度目标，济南、聊城、潍坊3市优于目标要求。

1～11月，全省83个国控地表水考核断面中，有52个水质为优良（Ⅰ—Ⅲ类），占62.7%，达到并优于年度约束性指标要求（不低于57.8%），差于2018年同期1.2个百分点；无断面水质劣于Ⅴ类，达到并优于年度约束性指标要求（不高于3.6%），优于2018年同期1.2个百分点。16市中，仅菏泽1市水质优良水体比例未达到年度目标，济南、青岛、德州、临沂、聊城5市优于目标要求；16市劣Ⅴ类水体控制比例均达到年度目标，济南、青岛、潍坊、聊城4市优于目标要求。

6.2.2 东平湖水库概况

东平湖古为大野泽，春秋至汉统称巨野河，原属天然湖泊。位于北纬35°30′—36°20′、东经116°00′—116°30′，地处山东省泰安市东平县境的西部。东平湖西北临黄河，东北靠平阴，东南接汶上，西南搭界于梁山，地处鲁中山区向平原过渡的边缘地带，其地貌特点是山区、丘陵、平原、湖泊交错分布，地质构造上处于泰莱山系的隆断区和徐州坳陷区交接地带，受不同方向的应力影响形成从南到北的大断裂带，成为东西地表水、地下水汇集的地区。

1958 年，黄河下游发生特大洪水后，为提高原有滞洪区蓄滞洪水的能力，将东平湖改建成一个大型平原水库，分二级运用，北部称老湖（一级湖），南部称新湖（二级湖），新老湖区之间以大堤为界。1985 年再修后，新湖区属淮河流域，老湖区属黄河流域。因此，东平湖成为黄河和淮河两大流域的分水岭。全湖总面积为 627 平方千米，总容水量达 39.79×10^{8} 立方米。其中，老湖面积 209 平方千米，相应蓄水能力为 11.94×10^{8} 立方米；新湖面积 418 平方千米，相应蓄水能力为 27.85×10^{8} 立方米。除特殊年份湖区开闸泄洪及南水北调输蓄水外，大汶河是与湖区相通的唯一径流（韩非等，2020）。

东平湖湖区属于暖温带季风型大陆性气候，具有四季分明的特点。夏季高温高湿，盛行东南风；冬季干冷少雨，盛行偏北风。湖区多年日平均气温 13.3℃，高于沿湖陆地 0.3℃；一年中 1 月最冷，平均气温－6.3℃；7 月最热，平均气温 31.6℃；历史极端最低气温－16℃，极端最高气温 41℃。湖区光照较为充足，太阳辐射较强，年平均总辐射量为 120.63 千卡①/平方厘米，最大 129.34 千卡/平方厘米，最小 112.38 千卡/平方厘米。受季风的影响，降水时空分布不均匀，多集中在 7～9 月，占全年降水量的 74.4%；特别是 7～8 月，占全年降水量的 52%；春冬季降水量仅占 6.3%。年平均蒸发量为 1 796 毫米，约为降水量的 3 倍；夏季蒸发量最大，平均为 698 毫米，占全年总蒸发量的 39%；冬季最少，平均为 116 毫米，占全年总蒸发量的 6%（禹世鹏，2018）。

6.2.3 东平湖水库水环境现状

东平湖水质现状除东平湖入湖口外，东平湖湖心和出湖口水质差别不大。由于入湖口处受上游来水的影响，而且距排污口比较近，湖面又比较窄，来水水量少水质差，不易扩散，所以水质污染较重。东平湖入湖口污染最重的参数是总氮和石油类，单项污染指数分别为 14.6 和 12.6，分别超标 13.6 倍和 11.6 倍；其次是 COD 超标 3.37 倍，总磷超标 2.64 倍，氨氮超标 1.71 倍，高锰酸盐指数超标 0.67 倍，BOD_5 超标 0.30 倍；其他参数符合评价标准要求。

东平湖心主要污染参数及超标倍数有：COD 超标 1.93 倍，总氮超标 1.04 倍，总磷超标 0.92 倍，高锰酸盐指数超标 0.10 倍。出湖口主要超标参数有 COD、总磷、总氮，分别超标 2.48 倍、0.62 倍和 0.34 倍（庞进等，2019）。

① 千卡为非法定计量单位。1 千卡＝4 184 焦耳。

东平湖区域地势较低，加之老湖（一级湖）常年蓄水，湖区其他区域浅层地下水丰富，储量1.0亿立方米以上。浅层地下水一般埋深0.5～1.0米，高地3米，水质良好，总硬度一般在25度以下，矿化度多在0.5～2.0克/升，小于2.0克/升的淡水面积约占98.5%。除部分区域矿化度及含氟量较高不能使用外，其余均能用于工农业生产和生活。湖水属微碱性重碳酸盐钙组型水，硬度适度，湖水外源营养物质补给充足，营养盐含量较高，对于湖中水生植物及饵料生物的繁殖生长是十分有利的（侯慧平等，2013）。

6.2.4　东平湖水库水环境存在的主要问题

6.2.4.1　水污染严重

大汶河支流众多，但多数河道成为城市污水和工矿企业废水的排污通道，致使地表水体污染严重。干流80%以上的河段为Ⅴ类或超Ⅴ类水体，多数河流在汛期水质才有所好转。地表水体的污染直接影响入湖河流的水质，入湖口处常年水质低于Ⅴ类水质标准，特别是汛期大规模的污染水团往往波及整个湖区。湖泊水环境的污染，使湖区绝大部分断面达不到功能区划的Ⅲ类水质标准（表），也是导致湖泊富营养化的重要原因。

根据2018年实测的入河排污口监测资料，经统计，该流域主要入河排污口污水入河排放量为2.03亿吨/年，其中泰山区污水排放量为6 505.6吨/年，岱岳区污水排放量为1 854.6吨/年，新泰市污水排放量为4 077.9吨/年，肥城市污水排放量为3 704.7吨/年，宁阳县污水排放量为2 310.0吨/年，东平县污水排放量为1 872.5吨/年；从污染物排放分析，其中COD年入河排放量为5 563.6吨/年，氨氮年入河排放量822吨/年，挥发酚年入河排放量0.774吨/年，总磷年入河排放量52.9吨/年，总氮年入河排放量6 290.8吨/年。泰安市各县（市、区）废污水及污染物入河排放量统计见表6.2（周爱民等，2020）。

表6.2　泰安市各县（市、区）废污水及污染物入河排放量统计

县（市、区）	废污水排放总量（万吨/年）	COD（吨/年）	氨氮（吨/年）	挥发酚（吨/年）	总磷（吨/年）	总氮（吨/年）
泰山区	6 505.6	2 205.2	651.8	0.246	13.4	3 654.4
岱岳区	1 854.6	464.6	12.1	0.058	1.9	280.8
新泰市	4 077.9	1 006.4	80.5	0.129	10.8	643.7
肥城市	3 704.7	811.7	54.7	0.165	7.8	584.3
宁阳县	2 310.0	656.4	15.1	0.075	8.3	717.8
东平县	1 872.5	419.3	7.8	0.071	10.7	409.8
合计	20 325.3	5 563.6	822	0.744	52.9	6 290.8

6.2.4.2 河道和湖泊淤积严重

东平湖流域东部山区至山前平原或河谷平原地势高差大，地表切割强烈。而且，降水集中，又多以暴雨形式出现，极易导致水土流失。加之流域内开矿、采石建厂等生产活动频繁，破土面积随之扩大。植被和地表景观的破坏加剧了水土流失的发生，并且导致湖泊淤积和富营养化。以东平湖汇水流域为例，水土流失面积达 5 438 平方千米，占流域总面积的 63.7%，流失的泥沙淤积河道，影响泄洪能力。据调查，大汶河河床年均抬高 2 厘米；流域内泰安市境内修建的 14 座大中型水库已淤积 3 600 万立方米，相当于减少了 3 座中型水库；1960 年以来，东平湖年平均淤积厚度达 12.3 厘米，减少库容 7 800 万立方米，严重降低了东平湖的调蓄能力。通过对东平湖近百年来湖泊沉积通量的研究，东平湖湖泊的淤积速度明显加快。

大汶河流域属于季节性河流，枯水期基本无水或者断流，平水期径流较小或不形成径流，对接纳的大量工业废水和生活污水起不到稀释和净化作用，污染物在河床中沉积、渗透，直接造成沿岸的地下水体污染；丰水期由于降水形成地表径流汇入河内，将河床淤积的污染物冲至下游，造成下游水体的污染加重（周爱民等，2020）。

6.2.4.3 工农业污染严重

随着流域工业尤其是乡镇企业的迅速发展，大量工业废水直接或间接排放道河流中。黄河流域大汶河水系年度入河（湖、库）排污口水量、水质监测资料表明，造纸、酿酒及矿区等行业是主要的废水污染源。城市污水逐年增加，据统计，东平县最近 6 年多年平均总用水量为 17 410 万立方米，其中居民生活 1 652 万立方米，农田灌溉 12 443 万立方米，林牧渔 1 239 万立方米，工业及建筑业 1 783 万立方米，服务业 166 万立方米，生态环境 127 万立方米。农用化学物质的不合理使用也是造成流域面域污染的主要原因。不合理地使用化肥导致土壤板结、地力下降，加剧水体富营养化。此外，一些养殖场的有机物不合理排放，也使地下水、地表水受到一定程度的污染。

6.2.4.4 生态需水量不足

目前，东平湖流域人均水资源量 347.1 立方米，低于国际公认的人均水资源量为严重缺水的控制线（≤500 立方米），属于严重缺水地区。水资源环境面临巨大的压力，大汶河流域的需水量已占产水量的 74%，西部地区已严重超标，河道内水量迅速减少，不少河道开始断流，河流生态环境遭到破坏。据计算，东平湖流域生态需水量为 7.9×10^8 立方米，能用于生态的水量为 6.903×10^8 立方米，缺水 1×10^8 立方米。水资源的不足不仅影响流域的生态需水量，大大减弱了流域内水体的纳污能力和环境的污染负荷，也影响到湖水的补给（东平县人民政府，2018）。

6.2.4.5 湖泊调蓄功能与生态功能降低

湖区周围由于土地资源的供需矛盾日益突出，沿湖乡镇对湖泊的围垦也随之加剧。东平湖新湖区的主要作用是滞蓄黄河的洪水，所以大部分面积常年干涸，绝大部分已被开发为农田；老湖区自 1963 年改造后，也盲目发展围湖造田、弃渔还耕。目前，东平湖及入湖河流大坝以内被开垦的湖田耕地已达 4 292.47 公顷；再加上湖泊多年来的淤积，使湖泊的有效防洪库容减少，调蓄功能降低。受降水控制，湖泊来水主要集中于汛期的 7～9 月，占全年的 80％以上。但由于湖泊调蓄能力的降低，结果造成丰水季节和丰水年水资源的大量流失，在干旱年份却对流域生态需水构成威胁。此外，过度捕捞、对水生生物的不合理开发利用使生物物种减少甚至灭绝，降低了湿地保护生物多样性的功能。

6.2.5 东平湖水库水源地已采取的保护措施和治理措施

6.2.5.1 分类控制点源污染，实现废弃资源的综合利用

城市工矿企业废污水、城市生活污水一直是流域水体最大的污染源，实现城市污水的零排放或达标排放是流域水环境治理成败的关键。应进一步加快城市污水处理厂和污水管网的规划与建设，实现其优化配置，以利于污水的就近处理和就近利用。同时，从水价等方面激发相关部门使用中水的积极性。对于耗水量大的企业，有条件的可自建污水处理设施，实现水资源的循环利用；不具备条件的企业和城市生活污水通过管网进入污水处理厂集中处理。实践证明，废污水经城市污水处理厂集中处理，比企业自建污水处理设施可节约大约 25％的建设资金和 50％的运行费用，并且具有占地少、人员省、效率高、便于处理后污水利用和污泥处置等优点，也避免了诸多企业因污水处理厂运转费用高而暗排、偷排等现象的发生，有利于实现污水资源化和综合利用。

数量众多的城市生活垃圾要尽量实行分类和集中处理，城市垃圾的堆放（埋放）点要避开水源地及地下来水的上游区域，重点防治其淋滤液对地表和地下水体的污染。积极开展垃圾的分类及无害化处理技术和综合回收利用技术研究，使其对环境的污染降到最小。

6.2.5.2 抓住机遇，促进产业升级，消除工业结构性污染

据对大汶河流域重点污染源的统计分析，造纸业的工业产值仅占总产值的 1.93％，COD 排放量却占 54.8％；化工业的产值占总产值的 8.35％，COD 排放量占 18.1％，氨氮排放量占 93.2％，流域内工业结构性污染突出。在国家限制高耗能、高污染、高耗水产业发展的要求下，抓住时机实现地区产业结构的转变，推动流域内工业企业的升级换代。加大企业科研创新能力建设，提升产品的科技含量，利用循环经济理论，实现工业清洁生产，逐步淘汰一些高耗

能、高污染、高耗水的企业和落后的生产工艺，对一些科技含量低、生产工艺落后、污水排放不达标的企业，坚决实行关、停、并、转等措施，从源头上消除工业结构性污染。

目前已完成投资73.83亿元，已完工子项目41个，新增湿地面积约515.9公顷，新建污水收集管网43千米，新建污水处理厂2座，日处理能力3.5万吨。融入大局，促进东平湖生态环境保护和高质量发展。将东平湖生态环境保护融入黄河流域生态保护和高质量发展的国家战略与发展大局，主动配合相关部门做好规划，落实具体举措。组织开展东平湖综合整治，先后关闭搬迁甘薯淀粉小加工户607家，拆除抽沙船只1 500余艘、沙场码头120座、东平湖餐饮船只21艘，关停环湖山石开采企业81家。开展东平湖“退渔还湖”行动，共拆除网箱6.7万架、投饵机3 000余台、网围8万亩，清理网箱网围养殖水面12.6万亩，成功打造南水北调东线无人工渔业养殖湖区。2020年上半年，东平湖达到地表水Ⅲ类水质标准（李华民，2020）。

6.2.5.3 发展生态农业，减少农业面源污染对流域地表水体的影响

发展生态农业是解决农业面源污染的重要途径，也是建设生态山东的重要组成部分。探讨适宜于不同地区的生态农业模式，充分认识生态农业的公益性，在税收、贷款和产品标识等方面制定更优惠的专项扶持政策，以降低生态农业改造过程中的生产成本，提高生态农业产品的经济效益，促进生态农业的发展，减少农业面源污染对流域地表水体的影响。流域治理要坚持山、水、林、路统一规划，工程措施与林草措施、生态农业发展相结合，大力推进退耕还林、还草、还湿（地），适地适树（草），形成合理布局和结构，搞好封育管护，全面提高林草成活率和保存率。总之，通过以林（草）蓄水，将径流中的有机物和无机物过滤、吸收、滞留和沉积，有效提高出入（河）湖水质和东平湖调蓄能力（马广岳，2018）。

6.2.5.4 恢复或建立人工湿地生态系统，通过截污导流，净化入湖水质

由于盲目围垦、围渔，东平湖原有的湿地生态系统破坏严重，在河口或入湖口区恢复或建立人工湿地生态系统，通过截流导污，净化入湖水质，对保护湖泊水质和维持湖泊湿地生物多样性具有重要意义。大汶河是东平湖的主要污染河流，人工湿地建设主要采取2种形式：一是在大清河河段建设河流廊道人工湿地，实现枯水期河水的自流净化；二是在稻屯洼建设氧化塘污水处理工程，将大汶河水引入稻屯洼氧化塘净化后再入东平湖，可有效降低突发性污染事故的发生，减轻大汶河污水对东平湖的污染，有效保障东平湖的调水水质。同时，加快东平湖及入湖河流大坝以内4 294.47公顷耕地的还林还湿工程，最大限度地恢复东平湖湿地生态系统。除人工湿地建设外，还要注重湿地资源的保护、开发和利用，特别是湿地边际土地利用方式和使用模式的研究。这对

于维护湿地生态系统的稳定和适当满足当地人民生活需要具有重要意义。

人工湿地是一种新型污水处理技术，具备处理效果好、管理维护方便、美化环境、运行费用低等优点。在大汶河入东平湖区域以及东平湖沿岸滩涂开挖引水，种植水生植物，形成具有多样性、较强水质净化能力和优美景观等多功能的自然-人工复合式湿地，通过湿地植被的拦截和过滤作用，将溶于水中的有毒、有害物质吸收、沉淀、过滤和降解，提高水质。近年来，山东省以及泰安市着力推进生态建设，先后建成稻屯洼、大汶河入湖口、旧县乡出湖口、宁阳沟、东平湖南岸、东平汇河等7块人工湿地，湿地内主要种植芦竹、莲藕等净水、经济、观赏性植物。这些湿地有效提高了河流、湖泊的自净能力，对恢复原有湿地生态系统、改善东平湖生态环境、确保东平湖水质达标起到了重要作用（马广岳，2018）。

6.2.5.5　制订流域综合规划方案，加强以流域为单元的生态环境治理

由于湖泊是整个流域环境物质的汇聚地，仅对湖泊周围环境和个别点源污染进行治理，难以长期奏效。应综合考虑湖泊流域的自然条件和社会经济条件，对整个湖泊流域进行综合规划，科学制定流域内资源开发、生产发展和环境保护的政策，实现流域内人地关系的和谐发展和生态环境的良性发展。为此，要突破地区和部门之间的界限，对东平湖流域进行总体规划，确定流域水资源开发利用和水环境保护的总方针，统筹大汶河流域上、中、下游水资源的开采量，确保湖泊流域的生态用水安全；严格控制湖泊核心区的人类活动强度，合理规划渔业养殖区和养殖规模；根据流域内不同的自然地理环境条件，对湖泊流域进行生态功能分区，确定不同功能区的生态环境治理和重建模式，制定不同区域主要产业的发展政策与布局原则；制定全流域的水土保持计划，提出基于流域水环境保护的土地利用结构调整模式，加强以流域为单元的生态环境治理。

6.2.5.6　加快建立和完善流域生态补偿机制，促进区域协调发展

建立和完善南水北调湖泊流域生态补偿机制，是有效保护生态环境和实现湖泊水质改善并长期保持的重要途径，也是统筹区域协调发展的重要手段。本着“谁污染，谁付费，谁受益，谁补偿”的原则，在东平湖流域和南水北调受益区域建立长效的生态补偿机制，既能最大限度地帮助湖区居民改善生活条件，调动湖区居民保护生态环境的积极性，又可以实现东平湖流域经济的持续发展，保障南水北调的供水安全。为此，要进一步加大对生态补偿的财政支持力度，对水源保护区以生态补偿的名义实施专项财政补助；多渠道筹措资金，设立水源保护专项资金；积极探索异地开发、水资源使用权交易、排污权交易等多种形式的生态补偿方式，通过异地搬迁、技术改造、结构调整等多种扶持方式，保持当地既得的经济利益；同时，进一步强化生态补偿的科技支撑，为

开展生态补偿提供依据。

6.2.6 东平湖水库水源地水环境保护实施方案

6.2.6.1 加快污染源综合整治，防止水体污染

加强水体污染防治，是改善东平湖生态环境质量，确保湖泊资源可持续开发利用的重要前提。重点可从以下两个方面着手，进行综合整治。

（1）流域的污染源治理。东平湖流域面积 9 069 平方千米。由于流域面积大，城镇和工矿企业分布广，人口密集，由此产生的污废水是东平湖流域污染的主要污染源，也是治理和控制的重点。加快县城污水处理厂的建设及实施，建设城市污水处理厂是治理和控制城市及工业污染废水的有效措施。调整和优化产业结构，大力发展技术含量高、无污染的工矿企业。对现有企业要加快生产设施和工艺流程的更新改造，减少“三废”排放量；对不达标的企业，应坚决关停并转；对新上企业，必须做到“三同步”。更重要的是，要加强统一规划，科学预测，上一批经济效益好、技术含量高、无污染的工矿企业。在城镇建设的规划、设计及实施过程中，必须以保护生态环境为前提，做好对生态环境影响的评价。有关职能部门必须严格审批，加强监督和控制，对于不符合环境要求的规划项目，决不允许实施。加强城市垃圾的处理，乱堆乱放的垃圾不仅严重影响城市景观，而且是不容忽视的污染源。处理好城市垃圾，既可改善市容市貌，防止对水体和环境的污染，还可回收利用，变废为宝，具有良好的经济效益。发展污水灌溉。将经过处理达到灌溉水质标准的富含营养物质的城市污水，引入农田、林地。这样既能增加土壤肥力，提高农、林产品的产量，又能缓解大汶河流域水资源的供需矛盾，还能避免大量的污染物质进入湖泊而造成湖泊水质恶化。

（2）湖泊内的污染整治。湖泊污染虽然与外负荷的输入密切有关，但是湖泊污染内负荷的防治也应当重视。搞好湖泊疏浚，防止底质污染。在枯水季节，将湖泊底质中富含氮、磷等营养物质的淤泥挖出，运至附近农田、林地作肥料，既可改良土壤，增加农林产品的产量，又能降低湖水中营养物质的浓度，增加湖泊的蓄水量，改善湖泊的水质和生态环境，提高湖泊的可利用效能，延缓湖泊的衰亡。这是一种防治湖泊内负荷的较好措施。采用人工捞藻措施，控制水体富营养化。藻类体中富含氮、磷等营养物质，捞出的藻类既可用于生产优质的有机肥料，提高农林收益，还可作为工业原料提取色素、蛋白质等；同时，还能防止水体富营养化，提高水体质量。这种措施在我国安徽巢湖已取得了较好的效果。控制网箱养鱼，避免饵料污染。网箱养鱼会导致大量营养性污染物质进入水体，超过湖内自调节能力，造成一些物质收支失衡，结构与功能失调，生物多样性下降，生态停滞，富营养化加速加剧，湖泊迅速衰

亡。国内外实践证明，网箱养鱼是一种短期行为，从长远来看，将其取消利大于弊，我国的洱海对湖泊富营养化及生态环境的治理成果已充分证明了这一点。恢复水生植被，建立半天然湿地净化生态系统。对于东平湖要逐步恢复以沉水植物为主的水生植被，包括漂浮植物、挺水植物和浮叶植物等。利用湖泊沿岸带的大型植物和微生物的作用，形成半天然湿地净化生态系统。通过持留和根际系统的净化，可控制面源污染和水体富营养化，提高湖泊水体的生态环境质量，并能减轻外源负荷对湖泊的冲击。同时通过生物量的收获，特别是大型植物的收获，可削减内负荷，治理湖泊富营养化，延缓湖泊沼泽化进程，美化湖泊环境。加强旅游管理，防止旅游垃圾进入湖泊，并禁止有污染的机动船只入湖。

6.2.6.2　加强水土流失治理，做好水土保持

水土流失直接影响生态系统中能量和物质的转换与流通，造成生态失衡，致使大量泥沙及固体颗粒进入湖泊，降低湖泊水体质量，缩小湖泊库容，破坏湖泊的结构和功能，加快湖泊的衰亡过程，必须加以治理。

（1）加强水土保持防护林的建设。东平湖地区地貌类型复杂，具有全面发展林业生产的条件。对一些土壤肥力低、耕性不好的低山丘陵地区，应积极退耕还林。对沿黄河和大汶河的部分荒滩、荒沙地，要营造防护林带以防风固沙，防止水土流失。尤其是在东平湖上游集水区的丘岗地带，要加强水源涵养林和水土保持林的建设，提高林木的地面覆盖率，以降低降水侵蚀力，减少泥沙入湖，防止湖泊萎缩，改善东平湖的生态环境。

（2）疏浚河道，整治堤岸。河床淤积，影响行洪能力，造成大量的泥沙进入湖泊。对于大汶河及其支流，在枯水季节应定期疏浚河道，以满足河流的输水要求。同时，要加强河岸和边坡的整治与防护。河岸略高于两岸农田且做成倒坡，既可护坡防渗，稳定河床，又可防止或减少污染物质进入河道，降低或消除对湖泊生态环境的影响。

（3）保护林业资源，严格控制流域内林木采伐量。东平湖区现有林地面积104.9平方千米，年末的木材蓄积量为 7.2×10^5 立方米，木材的年采伐量为 8.7×10^3 立方米（不包括当地木材加工生产的用量）。以东平湖现有的林地面积和水土流失现状，应加大对现有林业资源的保护，严格控制流域内林木的采伐量，为湖区经济的可持续发展提供条件和保证。

6.2.6.3　树立大环境生态观念，科学保护水资源

从南水北调近期规划可知，东平湖的水质事关调水成败，做好大汶河流域水环境的保护，是东平湖区域可持续发展的关键。

（1）节约用水，科学利用和合理配置水资源。水资源紧缺是制约经济发展的重要因素。然而，由于人们对水资源危机认识不足，水资源开发利用不合理

和用水浪费的现象还相当严重，既增加了水资源的压力，破坏了水资源系统的良性循环，也加重了水土流失和生态环境的恶化。因此，必须开源节流，搞好节约用水，实施全面节水战略。加强水资源统筹管理，科学利用和合理配置水资源，即可保证建设和生态用水，使水资源系统维持良性循环。这是经济、资源和生态环境协调与可持续发展的必要保证。

（2）大力发展生态农业。生态农业是实现我国农业生产、农业经济与资源环境协调发展的成功模式。加大农、林、牧、渔环境污染源管理力度，控制水土、有机质流失和土壤污染，大力推广有机农业和生态农业，引导农民开发和生产有机食品，推动种植结构的改变。第一，控制农药、化肥的施用，要加强宣传教育，提高全社会对农药、化肥环境污染危害性的认识，以便进行有效的防范。第二，要加强农药、化肥生产流通的管理，确保农药、化肥品种与质量符合国家的规定和标准，避免违禁和不合格产品用于农业生产中。同时，重视对流通市场的管理，杜绝农药、化肥在运输、储存、供销等环节上存在危害生态环境的隐患。第三，加强科学技术指导，控制农药、化肥的施用量，做到科学、合理、安全施用。第四，研究开发和施用高效、易降解的无公害和无污染的农药、化肥。

（3）保护好湿地，进一步改善生态系统。退耕还湖、还林，采取有力措施保护并扩大湿地面积。作为一项恢复措施，兴建东平湖入口处稻屯洼污水生态环境工程，沿河岸走廊建立湿地和沼泽森林，削减进入河流的营养物，自动净化水质，缓冲流量和水位的变化等，可取得较好的生态效益和显著的综合效益。

（4）强化区域功能。以南水北调工程利用东平湖为契机，以现有东平湖老湖区 109 平方千米为基础，完善堤防加高、加宽工作，提高防汛功能和调蓄容量。大汶河流域的防汛问题，核心在东平湖，关键是下泄排洪不畅、调蓄能力差。应加大排、供水力度，结合山东省“西水东送工程”，使蓄水与防洪并重，排水和供水共管，达到既能防洪又能使水资源合理利用的目的；加高、加宽、加固下游堤岸，按不同比降段修建拦河闸坝，以河建库，层层拦蓄，蓄泄并举，结合水网建设总体规划，按照不同支流水系，修建新的蓄水工程，尽最大可能拦蓄天然降水径流，提高水资源的承载能力和水资源的纳污能力，实现东平湖区域水资源的有序利用。

（5）优化水产养殖结构，实施渔业生态工程。渔业生态工程，是以渔业为主，通过物流、能流加强联结与协调水体中各个成分（环节）或本相对独立而平行的水、陆等不同类型生态系统，综合水产养殖、种植、畜禽养殖、果蔬生产、农副产品加工、环保、商贸等不同产业，形成或促进良性循环的一类生态工程。对于东平湖，第一，继续以大面积增殖资源为主，有步骤地逐步优化调整湖泊养殖产品结构，以高产、优质和有利于维护生物多样性，提高湖泊生态环境质量的产品为发展重点，防止单一化品种；要人工放养与自然增殖相结合，合理划分湖面的养殖和生态保护功能，建立各种类型的资源保护区和鱼类、饵料生物繁育保护区，为鱼类提供稳定的繁殖场所；要针对不同鱼类资源的条件和状况，规定有关经济鱼类季节性禁捕期，促使鱼类资源恢复；保持湖泊生物群落的多样性，提高鱼类资源的增殖率，充分发挥湖泊生产力。第二，要严格控制围湖发展精养鱼塘和集约化种植的开发模式，将集约化开发与大水面经营相结合，确保旅游资源开发和生态环境对湖泊水面的基本需要；要结合湖区沿岸风景旅游资源开发，适当发展水生植物生产，如莲藕、红菱、芦苇等。通过合理布局，美化环境，提高湖面资源利用率。第三，加强渔业开发的配套工程建设，建立区域性渔业种苗培育、饲料生产、渔具制造、产品储藏加工和销售系统，做好交通设施建设，保障物资和产品运输的需要。除此之外，要搞好农、林、牧、渔业的生产、加工和流通，大力发展旅游业，逐步形成水陆一体的生态工程，为湖区资源的可持续开发利用和经济可持续发展创造条件。

（6）加强湖泊管理，保护资源和生态环境。加强湖泊管理是确保湖泊资源可持续开发利用和生态环境质量提高的一项长期措施，必须予以重视。搞好湖区自然保护区的建设和管理。加快建立湖区自然保护区，成立野生动植物保护机构，配备强有力的保护管理人员，依法管理与保护，维持生态平衡。加强水利工程建设与管理，这是发展水利、渔业的关键。在具体实施上，要根据以水为主、水鱼兼顾的原则，做好控制泥沙、污废水等的水利工程，控制或防止一切对湖泊不利影响的输入，以减少鱼道的堵塞，增加水位的稳定性，有利于渔业资源的开发利用。加强资源管理，实施以法治湖，保护资源永续利用。大水面是一个不可分割的综合性资源实体，而目前采用“分”“围”“拦”的经营管理方式，忽视了水体的资源特性，强行裂解水体，致使大水面整体生态系统的物质流、能量流、物种流被隔断，破坏了生态系统的稳定性，加速了资源的碎片化，给未来大水面深层次的开发留下了隐患。因此，必须加强资源综合管理，发挥水域整体效益。同时，要加强法制建设，实施以法治湖，以保证资源的永续利用。改革经营管理体制，调动各方面开发积极性。湖泊资产管理不顺、产权与经营权不分是湖泊经济效益不高的主要原因之一。因此，必须依靠市场经济，建立新型的经营模式，试行产权、经营权分离的开发方式，采用租赁、招标、合资、承包等形式，使经营者能以市场为导向，进行灵活的经营活动，以改变目前湖泊经营单一的局面。加强科技队伍建设，加速科技兴渔步伐。建立东平湖科技开发研究中心，加强科学技术的推广应用和指导，做好湖泊渔情的科学监测、预测、预报和管理，研究解决湖泊渔业开发中的种苗、技术、生产管理等大量问题。广辟资金渠道，增加开发投入，提高湖泊资源生产能力。东平湖是社会化的共享资源，要提高资源的利用效率，必须加大投入。政府应该起到推进社会化服务的作用，加大社会性投入，以提高东平湖资源的综合生产能力。总之，东平湖生态环境综合治理及资源可持续开发利用的具体措施与对策可归结为实施东平湖经济、资源和生态环境协调发展的战略模式。

6.2.7 小结

东平湖水质稳定，已达到《地表水环境质量标准》Ⅲ类水质标准，2020年上半年，东平湖达到地表水Ⅲ类水质标准。东平湖水质化学成分相对丰富，其中以重酸盐类为主。水污染严重、河道和湖泊淤积严重、生态需水量不足是东平湖的突出问题。分别从工业和农业两方面控制东平湖的污染，以及从生态系统方面净化东平湖的水质。东平县针对性地从污染源控制和水土流失治理两方面着手对东平湖进行综合治理。

参考文献

白杨，郑华，庄长伟，等，2013. 白洋淀流域生态系统服务评估及其调控 [J]. 生态学报，33 (3)：711-717.

格菁，格艳，2020. 浅论东平湖洪水资源化与水资源可持续发展 [J]. 人民黄河，42 (S1)：30、35.

韩非，陈影影，于世永，等，2020. 1954—2018 年东平湖水位变化特征及驱动因素分析 [J]. 水资源与水工程学报，31 (3)：102-109.

韩美清，王路光，王靖飞，等，2007. 基于 GIS 的白洋淀流域生态环境评价 [J]. 中国生态农业学报 (3)：169-171.

侯慧平，葛颜祥，潘娜，2013. 东平湖水质评价及水污染防治对策 [J]. 人民黄河，35 (12)：43-46.

黄宁阳，尚斌斌，2016. 湖北农村污水治理现状调查与思考 [J]. 湖南农业科学 (2)：57-59、63.

李华民，2020. 以水环境治理为抓手强化治污攻坚 [N]. 中国环境报，09-10 (003) .

李琳琳，王国清，秦攀，等，2019. 白洋淀水环境状况与治理保护对策 [J]. 科技导报，37 (21)：14-25.

路洪海，陈诗越，2011. 东平湖流域水环境存在的问题与治理对策 [J]. 贵州农业科学，39 (7)：201-203.

罗义，马恺，赵丙昊，等，2020. 白洋淀入淀河流水环境现状分析 [J]. 建材与装饰 (10)：144-145.

吕长安，2003. 河北省水资源现状分析及解决措施 [J]. 中国水利 (6)：76-78.

宋中海，2005. 白洋淀流域水文特性分析 [J]. 河北水利 (9)：10-11.

肖潇，汪朝辉，2011. 丹江口典型库湾富营养化遥感分析及防治措施 [J]. 人民长江，42

(9)：33－37.
杨进怀，叶芝菡，常国梁，2018. 改革开放40年北京市水土保持生态建设回顾与展望［J］. 中国水土保持（12）：13－16.
杨薇，孙立鑫，王烜，等，2020. 生态补水驱动下白洋淀生态系统服务演变趋势［J］. 农业环境科学学报，39（5）：1077－1084.
禹世鹏，2018. 东平湖水资源管理问题研究［D］. 泰安：山东农业大学.

7 我国水库型水源地的治理案例

7.1 北京市密云水库水环境现状及保护实施方案

7.1.1 北京市水资源概况

据2019年北京市水资源公报显示，北京市水资源总量为24.56亿立方米，其中地表水资源量为8.61亿立方米，地下水资源量为15.95亿立方米，各流域水资源总量见表7.1。南水北调中线工程全年入境水量9.85亿立方米。北京市18座大、中型水库年末蓄水总量为32.74亿立方米，可利用来水量为7.06亿立方米（含引黄向官厅水库调水量，南水北调向密云水库、怀柔水库、十三陵水库和桃峪口水库调水量）。官厅、密云两大水库年末蓄水量为30.08亿立方米，可利用来水量为4.72亿立方米。2019年北京市总供水量41.7亿立方米，其中生活用水18.7亿立方米，环境用水16.0亿立方米，工业用水3.3亿立方米，农业用水3.7亿立方米。

表7.1　2019年北京市各流域水资源总量

流域分区	面积（平方千米）	年降水总量（亿立方米）	水资源量（亿立方米）	地表水资源量（亿立方米）	地下水资源总量（亿立方米）
全市	16 410	82.96	24.56	8.61	15.95
蓟运河	1 300	6.50	2.03	0.22	1.81
潮白河	5 510	30.93	5.91	2.82	3.09
北运河	4 250	20.69	10.33	4.78	5.55
永定河	3 210	14.63	3.30	0.36	2.94
大清河	2 140	10.21	2.99	0.43	2.56

2019年地表水监测总河长2 545.6千米，其中有水河长2 399.8千米。有水河长中符合Ⅱ类标准河长1 051.1千米，占评价河长的45.1%；符合Ⅲ类标准的河长524.8千米，占评价河长的22.5%；符合Ⅳ类标准的河长419.8千米，占评价河长的18.0%；符合Ⅴ类标准的河长125.9千米，占评价河长的5.4%；劣Ⅴ类河长208.2千米，占评价河长的8.9%。达标河长为2 028.7千米，占评价河长的87.1%。监测大中型水库18座。大中型水库除官厅水库为Ⅳ类外，其他均符合Ⅱ～Ⅲ类标准。监测湖泊面积719.6公顷。符合Ⅱ～Ⅲ类

标准的面积 607.6 公顷；符合Ⅳ～Ⅴ类标准的面积 112.0 公顷；达标面积 691.6 公顷。

北京市山区面积 10 418 平方千米，占全市总面积的 62%，山区是首都的天然生态屏障和主要的水源涵养及供给源地。北京市水源区主要分布在密云、怀柔和官厅水库上游，共约 5 000 平方千米，占山区面积的 48%，其中一级、二级保护区约 1 000 平方千米。密云、官厅两大水库是北京市地表水主要供水源地，年均供水量占全市地表水供给量的 2/3 以上（毕小刚等，2005）。由于官厅水库上游污染日益严重，水质已不符合饮用水水源地要求，密云水库是目前北京市唯一的地表水饮用水水源地。

7.1.2 密云水库概况

密云水库位于北京市东北部、密云区中部，西南距北京城 70 余千米，距密云区 12 千米。水库坐落在潮河、白河中游偏下，系拦蓄白河、潮河之水而成。库区跨越两河，是华北地区第一大水库，北京市最重要的地表水水源地。自 1960 年建成以来，密云水库累计为京津冀地区供水 390 多亿立方米，其中向北京市供水近 280 亿立方米。密云水库最高水位水面面积达到 188 平方千米，水面 137 000 亩，水深 40～60 米，分白河、潮河、内湖 3 个库区，最大库容量为 43.75 亿立方米。环湖公路 110 千米。密云水库形似等边三角状，有 2 大支流：一条支流是白河，流域面积 6 277 平方千米，起源于河北省沽源县，经河北省赤城县、北京市延庆区、怀柔区，流入密云水库；一条支流是潮河，流域面积 9 227 平方千米，起源于河北省丰宁县，经滦平县，自古北口入密云水库。

密云水库流域面积 15 788 平方千米，涉及河北省和北京市的 9 个区县，其中密云区境内面积 1 404.55 平方千米，且为水库周边，占全区面积的 63%。密云水库流域地貌以山地、丘陵为主，丘陵区主要分布在潮河流域及水库周边，占整个流域面积的 4.9%，土壤类型为淋溶褐土。中低山分布在水库西北、东北部，占整个流域面积的 74.8%，其中低山土壤类型为淋溶褐土，中山土壤类型为棕壤。流域内平均降水量为 660 毫米，降水的季节变化明显，6～8 月的降水量占全年降水量的 76.5%，降水多以暴雨形式出现，降雨强度大、侵蚀力强，为流域非点源污染的发生提供了动力（王晓燕等，2002）。密云水库上游流域总人口为 87.8 万，其中农业人口 80.5 万，约占总人口的 91.7%。2019 年，密云水库蓄水量达到 26.8 亿立方米，水质始终稳定达到地表水Ⅱ类标准。

7.1.3 密云水库水环境现状

密云水库水源主要为降水和上游流域的来水。据密云水库水质水量监测结果，近年来由于水库上游干旱少雨，年平均降水量已由20世纪50年代的701毫米下降到现在的500毫米左右，年入库水量已由20世纪50年代的近30亿立方米下降到现在的3亿立方米左右，库区表现为中营养状态，总氮正逐渐向轻度富营养状态发展。密云水库上游的潮河、白河流域，大部分支流基本上处于干涸状态，水质均是劣Ⅴ类，主要是总氮含量超标，且总氮含量在绝大多数断面呈逐年上升趋势，氮主要来源于生产生活污水和环境污染，白河流域水质好于潮河（白鹤岭等，2016）。

2019年全市污水排放总量为21.12亿立方米，污水处理量19.97亿立方米，全市污水处理率约为94.5%。2019年城六区污水排放总量为13.69亿立方米，污水处理量13.59亿立方米，城六区污水处理率约为99.3%。从入库水质监测数据来看，常规指标如pH、溶解氧、氟化物和硫化物等均符合Ⅰ类标准；毒理学指标如砷、汞、氰化物、六价铬和挥发酚等均符合Ⅰ类标准；营养源指标中高锰酸盐指数符合Ⅱ类标准，总氮超Ⅲ类标准，大部分时段为Ⅴ类或劣Ⅴ类，总磷符合湖库Ⅱ类标准，有超湖库Ⅱ类及Ⅲ类标准的现象，但符合湖库Ⅳ类标准。从库区水质监测数据来看，常规指标如pH、溶解氧、氟化物和硫酸盐等均符合Ⅱ类甚至达到Ⅰ类标准；毒理学指标砷、汞、氰化物、六价铬和挥发酚等均符合Ⅰ类标准；营养源指标中高锰酸盐指数均符合Ⅱ类标准，总磷含量100%符合湖库Ⅱ类标准，总氮基本均处于Ⅲ类标准以上，28.87%符合Ⅲ类标准，71.13%符合Ⅳ类标准，2014年库区未出现超过Ⅴ类标准的现象（郑婕等，2018）。

总体来说，密云水库库区及入库水质符合国家地表水Ⅱ类标准，氮、磷水平属于中营养，水体的营养程度属于中营养型，水质尚好，但库区水体向富营养化发展的趋势比较明显（刘健利，2019）。

7.1.4 密云水库水环境存在的主要问题

目前，密云水库水源保护区已杜绝了传统的化学工业生产污染，环境污染主要来源于农业面源污染和农村生活污染，主要有化肥损失、畜禽粪便流失、农村生活垃圾和污水排放、水土流失、工业污染5种类型。其中，水土流失是最主要、最直接的污染源，同时也是其他污染的载体。农业生产尤其是种植业生产受到限制。因此，农村居民日常生产、生活产生的污染对水源地环境影响较大（谢杰等，2009）。

7.1.4.1 化肥、农药施用污染

密云水库上游的河流两岸全部为农田，主要种植蔬菜、玉米、马铃薯等作物，为保证作物高产，化肥、农药施用量较大。密云水库流域多年平均施肥量为120千克/公顷，呈略微递增趋势。其中，肥量组成为74.14%的氮肥纯量、

7.63%的磷肥纯量、1.48%的钾肥纯量和16.75%的复合肥纯量。受流域内土壤侵蚀强度的空间分布不同，总磷、总氮的空间分布也有显著差异。在轻微侵蚀地区，总磷、总氮的流失量分别为0.54千克/公顷、5.92千克/公顷；在轻度侵蚀地区，其流失量分别为6.26千克/公顷、46.2千克/公顷；在中度侵蚀地区，其流失量分别为11.14千克/公顷、68.11千克/公顷（贾东民等，2012）。

7.1.4.2 畜禽养殖粪便排放污染

农户散养、荒山放牧仍然是该地区重要的畜牧养殖方式，这种方式集约化程度低，在农田、果园施用粪肥中的氮、磷和山区牧场散落粪便中的氮、磷因降水而淋溶到土壤环境中，最终在地表径流和侵蚀泥沙的携带下进入地表水体，从而对水体造成污染。每年因畜禽排泄物流失到环境中的氮素4.89×10^6千克、磷素2.47×10^5千克（王晓燕等，2002）。

7.1.4.3 农村生活垃圾和污水排放污染

随着对水源保护区内工业和乡镇企业、农业生产中施用化肥以及畜禽养殖的管理与限制，农村生活污染正逐渐成为水源保护区水环境重要污染源。区域内各农村基础设施建设薄弱，垃圾随意堆放、生活污水处理率低。密云水库上游流域农村污水有以下特征：①面广、分散。村庄分散造成污水难以收集和处理。②来源多。有来自人畜粪便、厨房产生的污水，还有家庭清洁、生活垃圾堆放渗滤而产生的污水。③增长快。随着农民生活水平的提高及农村生活方式的改变，生活污水的产生量也随之增长。④处理率低。未经处理的生活污水肆意排放，严重污染了农村的生态环境。密云水库上游流域仅县城和少数乡镇建有垃圾填埋场，其他乡镇、村庄的生活垃圾堆放在村边、河道内，水库周边农村的炉灰、塑料制品等固态和液态的生活垃圾等污染物也会对水体造成污染（谢杰等，2009；白鹤岭等，2016）。研究表明，密云水库上游地区生活污水污染物排放负荷分别为总氮40.0吨/年、总磷4.8吨/年、COD 386.2吨/年；人粪尿污染物排放负荷分别为总氮3 545.4吨/年、总磷607.1吨/年、COD 2 294.1吨/年；生活垃圾污染物排放负荷分别为总氮528.9吨/年、总磷180.9吨/年（冯庆等，2009）。

7.1.4.4 水土流失

密云水库上游自然条件恶劣，生态环境脆弱，水土流失严重。年平均降水量659.8毫米，其中6～8月的降水量占全年总量的76.5%，7月下旬至8月上旬的降水量为191.4毫米，占全年总量的29%。汛期水量集中，暴雨和大暴雨多在7月下旬至8月上旬出现，加之坡度大、土层薄，极易形成水土流失。另外，密云水库流域的丘陵和山地两种地貌类型，主要属直线型坡，丘陵区又多有凸型坡，所以在山基和坡脚处径流量大，对地表土壤的冲刷作用强烈。土壤侵蚀类型以水蚀为主，局部有风蚀，土壤侵蚀表现形式主要有面蚀、沟蚀。水土流失强度以中度、强烈为主，主要分布在荒草地、坡耕地和经济林地。密云水库上游流域水土流失面积为4 200平方千米，水土流失造成土壤表层破坏、肥力降低、地力下降、河道泥沙淤积严重。同时，过量和不合理施用化肥造成的氮、磷损失，有机粪肥中残效氮、磷的流失等污染物随地表径流和泥沙流入地表水体（王晓燕等，2002；白鹤岭等，2016）。

7.1.4.5 工业污染

流域内铁矿等矿产资源丰富，大部分区域广泛分布采矿点和选矿点，造成严重的工业污染。密云水库上游共有200余个矿点，主要有铁矿、金矿以及白石矿等。矿点大小不一，面积由几千平方千米到几万平方千米不等。根据选矿工艺的特点，选矿过程中投加了大量的水玻璃（一种常用选矿药剂——矿泥分散抑制剂），造成选矿后排出的尾矿中含有大量硅酸盐和悬浮物。尾矿水在尾矿库中停留数月后，悬浮物仍高达10 000毫克/升以上，硅酸盐含量大于3 000毫克/升，超过国家标准几十倍；尾矿水一旦流入河流，将会严重影响水体的水质。

7.1.5 密云水库水源地已采取的保护和治理措施

按照国家政策和法律要求划定了生态保护红线，建立了密云水库一级保护区、二级保护区、准保护区和水渠保护区，对密云水库和上游地区开展高标准的保护工作。

7.1.5.1 开展生态清洁小流域建设

2003年以来，北京市逐步探索出“以小流域为单元，以水源保护为中心，以溯源治污为突破口，统一规划，构筑生态修复、生态治理、生态保护三道防线，实施污水、垃圾、厕所、河道、环境‘五同步’治理，采取21项措施，建设生态清洁小流域”的水土保持工作思路（杨进怀等，2018）。生态清洁小流域建设是以小流域为单元，以流域内水资源、土地资源、生物资源承载力为基础，以调整人为活动为重点，坚持生产优质水优先的原则，将流域从山顶到河谷依次划分为生态修复区、生态治理区、生态保护区进行管理，通过实施各项治理措施，建立良性循环的流域生态系统，实现流域资源的合理利用和优化配置、人与自然的和谐共处、经济社会的可持续发展（杨进怀等，2007）。

（1）生态修复区。位于流域山顶或坡上部，坡度一般大于25°；人类活动较少，不利于农业耕作，没有开发建设及大规模的农业生产活动等人为干扰的区域。该区以实行全面封禁、禁止人为开垦、盲目割灌和放牧、建立养山机制为主，达到加强林草植被保护、防止人为破坏、发挥植被生态功能、改善生态环境、涵养保护水源目的。主要措施有2项：设置封禁标牌和拦护设施。

（2）生态治理区。位于坡中、坡下和坡脚地区，坡度小于25°；村镇建设区、农业生产区、风景旅游区等人类活动频繁区域；水土流失、农业面源污染和生产生活污水、垃圾污染较集中，废弃矿山等开发建设废弃地以及大面积裸露荒坡多的区域。该区以加强水利水保基础设施建设；因地制宜在村镇及旅游景点等人类活动和聚居区加强农村污水处理、生活垃圾集中管理和环境美化工程建设；调整农业种植结构，发展与水源保护相适应的生态农业、观光农业、休闲农业；控制化肥、农药的使用为主，达到减少面源污染、控制和减少污染物排放、改善生产条件和人居环境的目的。主要措施有15项：梯田整修、砌筑树盘、水保造林、水保种草、土地整治、节水灌溉、砌筑谷坊、拦沙坝、挡土墙、护坡措施、排水工程、村庄美化、垃圾处置、污水处理和农路建设。

（3）生态保护区。位于流域下游沟道及河（湖）道防洪蓝线两侧以及周边地带，一般为河川地、河滩地等滨水区域。该区以封河（沟）育草，禁止河（沟）道采沙，加强河（沟）道管理和维护，防止污水和垃圾进入，清理行洪障碍物为主，达到确保河（沟）道清洁，控制侵蚀，改善水质，美化环境，维护湖库及河流健康安全的目的。主要措施有4项：防护坝、河（库）滨带治理、湿地恢复和沟道清理。

此外，在标准化、规范化和法制化工作上，完成了生态清洁小流域三道防线规划建设体系，确定了三道防线空间布局方法。先后颁布出台了《生态清洁小流域技术规范》（DB11/T 548—2008）、《生态清洁小流域管护指导意见（试行）》、《北京市水土保持条例》、《生态清洁小流域施工质量评定规范》等地方法规标准，明确了生态清洁小流域建设与管护要求。2016年，北京市水务局、河北省水利厅共同印发出台《密云水库上游河北省承德、张家口两市五县生态清洁小流域建设管理办法（试行）》。

在资金投入上，国家水土保持重点工程项目、京津风沙源项目和北京市基本建设资金、水资源费及土地出让金等均有投入，生态清洁小流域建设投资标准由2005年的25万元/平方千米提高到2014年的65万元/平方千米。

在农民参与机制上，鼓励农户参与密云水库水源地生态治理工程，构建“四权一责”农户参与的激励机制，保障农户在参与生态保护治理工程过程中的知情权、参与权、决策权、监督权，同时明确其管护责任，使农民成为工程建设的主体、流域管理的主体和经济收益的主体。

目前，在密云水库周边和上游地区的123条小流域中，生态清洁小流域达到52.03%。密云水库上游地区已经构建了“一库、一环、二区、六线、八带”的水生态总体格局。

7.1.5.2 实施生态治理工程

实施生态涵养恢复等重点工程，先后在水库上游及周围地区开展了水源保护走廊工程、水源涵养工程、“亚行贷款”项目和京津风沙源治理等多项水土保持重点工程建设。通过封育治理、造林种草、坡改梯田、打坝护地及修建各类水土保持工程设施等措施，进行水土流失综合治理，到2010年累计治理水土流失面积1 262平方千米，治理保存率达到80%。在水库周边重点区域内，实施退耕还林还草1 300公顷，减少化肥施用243吨（贾东民等，2012）。

一是实施退耕还林工程。密云区于2000—2004年对水库周边9镇完成退耕地造林7.91万亩，占全区退耕还林地面积的61.6%。截至2016年底，密云区累计拨付退耕还林工程政策补助资金2 026.7万元，发放粮食补助12.246 8万吨；农民收获干鲜果品1.630 8万吨，实现产值9 276.3万元。二是持续实施荒山造林等生态建设工程。据测算，2018年密云水库周边共造林1.8万亩，森林覆盖率达到74.94%。三是规划实施密云水库周边台地造林。因地制宜地对浅山区逐步退出农作物种植的台地、坡耕地等进行植树造林，结合区镇需求和水库周边实际，规划于2018—2020年在水库周边结合农业结构调整实施台地造林2万亩。四是实施水库库滨带水源保护工程。按照2014年《进一步加强密云水库水源保护工作的意见》等文件要求，为改善库滨带生态系统，避免违规种植、禽畜入库觅食等问题，结合农业结构调整，2016—2017年共完成造林绿化2.85万亩。五是封闭管理。2014年，北京市新建内湖三角地、潮河等3处封闭管理站，完善相关配套设施，实现内湖周边、10号坝、红光岛、潮河主坝、第九水厂取水口等区域封闭管理。目前，共建设围网300千米，实现了库区封闭管理，并增建密云水库一级保护区封闭管理站。六是退出库中岛。密云水库库区有90个库中岛，涉及8 200亩集体土地，正在积极通过租赁等措施，退出农业生产，开展自然修复，租赁期到2028年（常纪文等，2019）。

7.1.5.3 应用环境工程治理

一是实施周边环境治理工程。1991—2000年，水库周边的建立小型污水处理站24处，设计规模2 880立方米/天。2001—2010年利用生态村、新农村污水治理建设项目，在水库周边37个行政村建设污水处理站80处，污水处理能力达到2 903立方米/天。2002年以来，在水库周边的村庄陆续建立垃圾收集、运输系统。保护区内居民生活垃圾全部实现无害化处理，到2007年水库周边7个乡镇生活垃圾处理量为10.62万吨，处理率达到90.4%。畜牧养殖小区建立粪便集中池，对产生的粪便进行全部处理，使其成为生物有机肥，在农业上得到100%的利用。2009年，6家养殖场迁出水库一、二、三级保护区。二是实施水华防治工程。2003年，为有效防治、治理密云水库水体富营养化，在库区重点水域实施了层间水交换项目，降低水体表面温度，抑制水表藻类和浮游生物的生长；通过机械收藻设备——微滤机滤藻，降低水体中各种藻类的密度防治水华。2008年，实施密云水库局部水域水华防治项目，在水华易发区和重点水域安装52台新型潜水推流装置，强化水体表面流动；采用生物接触氧化工艺，在金沟引渠两侧布置吸附性微生物载体6 100平方米（贾东民等，2012）。

7.1.5.4　实施“稻改旱”工程

密云水库上游河北省承德市潮河流域，张家口市赤城县黑河、白河、红河流域主要农作物是水稻。2006年，北京市与河北省签署了《关于加强经济与社会发展合作的备忘录》，确定实施“稻改旱”项目。2007年开始，密云水库上游张家口市赤城县的白河河谷、黑河河谷以及承德市丰宁县和滦平县境内的潮河河谷地区6 866.67公顷水稻全部改种节水型大田作物。根据《承德市发展水稻生产提高质量安全管理的典型经验》中提出“种植水稻控制化肥使用量在200千克/公顷，农药使用量在2.25千克/公顷”测算，6 866.67公顷“稻改旱”项目，每年可以少使用化肥8 240吨、农药15.5吨。而且，根据“稻改旱”试点地区测算，“稻改旱”每年可为密云水库增加来水6 000万立方米（贾东民等，2012）。

“稻改旱”带来的土地利用方式的变化使得面源污染负荷发生了改变，氮和磷的施用量分别减少了147.090千克/公顷和5.700千克/公顷，流失量分别降低了7.816千克/公顷和0.148千克/公顷。2007—2008年通过地表径流流失的氮和磷分别减少了107 340千克和2 033千克，入库总氮和总磷负荷削减总量分别为242 952千克和9 905千克（林惠凤等，2016）。

2017年，密云水库上游“稻改旱”政策覆盖面积约10.3万亩。其中，80%处于潮河流域，约7.1万亩；其余部分位于白河、黑河流域，约3.2万亩。参与“稻改旱”政策的农户，总氮施用量下降22%～26%，户均减少3.45千克/亩，整个政策覆盖区的总氮施用量共减少351.75吨，从源头上有效降低农业面源污染（洪佳雨等，2020）。

7.1.5.5　建立生态补偿机制

2018年，北京市政府办公厅印发《关于健全生态保护补偿机制的实施意见》，密云区人民政府相应出台了《关于建立密云水库上游水水土保持生态效益补偿的函》。北京市与河北省还签订了《密云水库上游潮白河流域水源涵养区横向生态保护补偿协议》和《北京市河北省关于密云水库上游潮白河流域水源涵养区横向生态保护补偿实施方案》等一揽子的综合性生态保护补偿协议（常纪文等，2019）。

7.1.6　密云水库水源地水环境保护实施方案

7.1.6.1　完善饮用水水源保护区规划

密云水库作为大城市郊区饮用水水源地，目前还有很大一部分水源地未划定保护区，应进一步开展饮用水水源保护区普查，科学合理地划定和调整饮用水水源保护区。制定上游地区各河流的水域功能区划，以区分水源保护级别。开展土壤和地下水污染现状、污染成因调查和评价，建立污染源台账，制定环境质量监测制度，明确污染优先控制区域及控制对象，进行污染风险评价、安全区划及污染防治规划，制定农村水源地保护规划（刘培斌，2007）。

7.1.6.2 加强流域综合治理，构建山水林田湖草一体化修复体系

围绕建设“京津冀水源涵养功能区”核心定位，以水源保护为中心，以小流域为单元，将其作为“社会-经济-自然”复合生态系统，“山水林田路村”统一规划，“拦蓄灌排节”综合治理，“污水、垃圾、厕所、河道、环境”同步治理。强化水源地、涵养区以及山区丘陵等自然生态系统的保护与建设，改善当地生态环境和基础设施条件，优化“三道防线”，建设生态清洁小流域，建立山水林田湖草一体化治理的流域修复措施体系。

强化密云水库重要水源地的流域保护与治理，生态红线面积占到70%以上的小流域以及坡度大于25°的区域以封禁保护、自然修复为主。主要河流沿线、面源污染严重、水土流失严重、污水垃圾污染突出、人口密度较大、地方政府和群众积极性高的小流域优先实施治理（刘可暄等，2020）。在山区生态清洁小流域建设模式的基础上，探索平原区、城乡接合部生态清洁小流域建设模式与技术路线，将生态清洁小流域建设的基础向中大流域修复拓展。

将水源地流域划分为五大功能区并进行总体布局：源头坡地区以“保山”为目标，以水土流失控制与水源涵养为主，重点强化生态清洁小流域建设和坡地经济林下水土流失治理，实现清水下山目标；缓坡农业面源污染防治区以“控田”为目标，依托美丽乡村建设加强农药、化肥管理，结合荒山造林、台地造林、平原造林建设农田植被缓冲带；村镇区域以“减污、村美”为目标，围绕污染养殖分类管理、垃圾和污水处理等重点削减生活污染、改善人居环境；河沟道以“水清、河美”为目标，以恢复河沟道自然生态，增强河流自净能力，减少入库污染负荷为重点；库区以“湖净”为目标，强调对水库库滨带长效管护机制的完善和实施。以功能分区与措施布局为基础，构建沟-河-库蓝网与农田-林地绿网交织保护及修复的山水林田湖草一体化修复体系（杨进怀等，2018）。

（1）加强水土流失综合治理和水土保持生态修复。针对水土流失分布特点，通过水土保持造林、坡改梯、坡面径流调控、裸露面治理、沟道治理等一系列水土保持措施，改变原来土地的立地条件，增加植被覆盖度。依据适地适树原则积极营造水土保持林、水源涵养林，使其吸收、吸附、降解水体中的有毒、有害物质和营养物质。对25°以上和25°以下但土层较薄的坡耕地应退耕还林还草并进行封禁治理，对25°以下坡耕地中土层较厚的可改为梯田，用于种

植农作物或发展经果林等。通过整地措施和调控工程包括截水沟、排水沟、蓄水池、沉沙池等小型蓄排工程，控制地表径流。在沟底下切严重、沟底比降较大、集水面积较小的支毛沟布设石谷坊、铅丝笼谷坊等措施，巩固并抬高沟底侵蚀基准面，制止沟底下切，同时稳定沟坡，防止沟岸扩张。对人类生产、生活活动较少的山区林地进行生态修复，采取封育治理措施（白鹤岭等，2016）。

（2）加强农业面源污染控制，发展生态农业、休闲观光农业和绿色产业。一方面，通过建设护地坝，加强基本农田建设，改善和提高土地生产力，可采用免耕和其他农田保护技术（缓冲带和生态沟渠），同时在农田与沟渠间建立缓冲林带，以减少、截留和净化土壤径流中的氮、磷等物质，降低水体污染物和土壤流失而造成的面源污染；另一方面，调整农业种植结构，控制农用化学品，引导农民科学使用化肥、农药，禁止使用高毒、高残留化学农药。大力推广测土配方施肥、节水灌溉技术及病虫害生物防治技术。鼓励秸秆还田和秸秆气化、青贮氨化、发电、养畜等综合利用。实施规模化畜禽养殖场的废水废物处理，鼓励农家肥和畜禽粪便的资源化利用，推进乡村产业结构调整，推广清洁生产技术，发展与水源保护相适应的生态农业、休闲观光农业和绿色产业（毕小刚等，2005；刘培斌，2007）。

（3）加强农村生活污水和垃圾治理，开展农村人居环境综合整治。在小流域治理中，因地制宜建设小型污水处理系统，解决小型分散点源污染问题。目前采用的技术方式主要有智能化小型生活污水处理系统、一体化膜生物反应器和高效节能型生物通道污水处理技术等。根据近年来生态清洁小流域的建设经验，对人口较少的村庄宜采用户用生态污水处理池的处理工艺，以减少生活污水收集管网的工程量和投资；对人口较多的村庄可考虑单村或联村建设无动力的污水处理设施，以减少建成后污水处理站的后期管理、运行费用。优先考虑再生水回用于农业灌溉。水源保护区生活垃圾的处理主要采取建设简易垃圾储运站（非江河、渠道和水库最高水位线以下的滩地和岸坡），定期清运的办法。也可因地制宜建设小型垃圾填埋场，但垃圾填埋场应相对远离一级、二级水源保护区，填埋场基础必须具有基底防渗系统。填埋场在达到卫生填埋要求的基础上，应根据当地自然条件，选择适宜生长的植物种类，进行覆土绿化。大力推进农村“清污、清障、清垃圾”“改水、改厕、改圈、改厨、改路”，解决“脏、乱、差”，改善农村人居环境条件（毕小刚等，2005；刘培斌，2007；白鹤岭等，2016）。

（4）积极开展密云水库库滨带的规划与建设。库滨带是生态系统的重要组成部分，对富营养化物质净化起着十分重要的作用。流域径流在进入水库之前所携带的营养物质有一个不断削减和增加的过程，在这一过程中，库滨带不仅是入库营养物质必经之地，也是系统物质运动十分强烈的地段，并在入库营养物质的增减中起着重要的作用。根据规划区不同现状，以水环境保护、植被恢复为目标，以库滨带生态治理与带动经济发展为主线，以营造水源保护林、种植灌草和水生植物为手段，构筑林草生物缓冲带，构建集防洪效应、生态效应、景观效应和自净效应于一体的库滨带水源保护系统。通过采取不同的措施合理布局与配置，使其形成具有良好结构的整体防护体系，达到改善水土、保护水源、改善环境的目的（毕小刚等，2005；贾东民等，2012；祝大山，2020）。

7.1.6.3 建立完善水源地保护管理制度及长效机制

规范对饮用水水源保护区的环境管理，构建符合市场经济规律的水源保护和污染治理的长效机制。针对各类特点的农村，探索适合密云水库水源保护与管理模式。

（1）完善地方法规标准体系，建立水源地保护与执法监督管理制度，强化运行维护、监管、执法机制。建立区域农村污水排放标准和排污许可收费制度。为保证北京的入境水水质，避免污染水源，控制入河的悬浮物、有机物、营养物含量，减轻密云水库的富营养化程度，在河北张家口、怀来、宣化等地应制定地方性的污水排放标准，并实行污染物总量控制（谭奇林，2002）。加快实施排污许可制度，依法规范取水和排水行为。依据环境容量科学确定污染物总量控制指标，落实污染物总量削减计划，将总量削减指标分解落实到重点排污单位，实施密云水库水源地最严格的总量控制制度、定期考核、公布制度和“三同时”制度。

密云山区大部分为饮用水水源保护区，污水处理出水标准要求高，但农民居住分散，经济基础较差，技术力量缺乏，污水处理设施建设和管理难度较大。按照城乡统筹发展、工业支持农业、城市支持农村的要求，政府应加大农村治污力度，对农村污水处理进行分类指导，对一般农村村落生活污水，建议由政府投资建设，并从排污费、水资源费等提出一部分资金用于污水处理设施运行维护补助。对于水源地地区农村村落生活污水，从排污费、水资源费等提出足额资金用于污水处理设施运行维护，采取专业化公司运营、乡镇水务站与当地环保部门依法进行监管，建立公众参与的管理机制。规范水库湖泊的渔业养殖行为，划分环境功能，落实责任，确定水库发包方式和经营方式（刘培斌，2007）。

实施农村污水、垃圾处理收费制度，推行污水、垃圾处理市场化运行机制。鼓励社会资本参与污水、垃圾处理等基础设施的建设和运营。制定北京市阶梯式垃圾收费机制和环境与经济补偿机制。城区垃圾处理设施建在密云等远郊区需由垃圾产生区向处理设施所在区支付合理的经济与环境补偿（刘培斌，2007）。

建立密云水库及上游山水林田湖草一体化综合管理体制机制。建立统一的自然资源资产确权登记和流转政策制度，健全产业生态化和生态产业化的政策机制。建立健全全流域山水林田湖草综合保护规划引领、水源保护区山水林田湖草网格化管理和生态环境管家、湿地保护、水源保护工程管护、村级污水处理站运行管理、垃圾统一收集处理、长效资金筹集和使用、山水林田湖草综合保护工作考核和奖惩、山水林田湖草保护共治等政策和机制（常纪文等，2019）。

建立水源地管理机构。由乡镇水务站、农村水管员或聘请特约监督员开展监督检查。组建农村管水员队伍，对水源地和清洁小流域进行监管与维护，与农民就业结合起来，解决涉水事务的末端管理缺位问题。

（2）建立生态与环境补偿机制，确定区域生态补偿的主体、对象、方式及补偿费等。重点解决下游对上游、开发区域对保护区域、受益地区对受损地区、受益人群对受损人群以及水源保护区内外的利益补偿问题。通过明确固定的资金渠道对位于重要水源保护区域给予财政支持（常纪文等，2019；杨荣金等，2019）。

（3）建立生态环境保护和绿色发展省际合作体制。建立生态环境保护信息省际共享平台，建立省际协商决策和生态环境保护通报机制，建立健全省际协同的产业准入和落后设备工艺淘汰制度，健全以考核为保障的省际综合性生态环境保护补偿、补助和奖励机制（常纪文等，2019）。

建立北京与密云水库上游地区水生态合作机制，建立“区域水生态合作共同体”。由以流域和区域相结合的政府领导为主导，依托都市圈一体化发展，支持和促进企业积极参与，开展水权交易、排污权交易、生态缓解银行和异地开发等市场化合作，同时鼓励社会公众和 NGO 进行监督和配合，并配套法规、监督考核和奖惩等相关制度，完善政府、市场和社会公众多方参与的长效合作机制。通过政策倾斜、项目合作、智力支持、园区共建、生态补偿等多样化生态合作形式推进长期合作（王凤春等，2017）。

7.1.6.4 建立健全水源保护区突发污染事件监测预警和应急反应体系

开展饮用水水源水质的定期监测，构建污染源、水质安全和水厂三位一体的饮用水水源安全预警体系。实施饮用水水源地在线监测，建设并完善重点污染源在线监控、农村饮用水水源地的监测网络，加强饮用水水源地有毒有害污染物尤其是有机污染物的监控，科学、及时、有效地监控预警和应对突发性水污染事件。定期发布饮用水水源地水质监测信息，建立饮用水水源水质定期信息公告制度。制订应对突发性水源污染事故预案或城乡供水联合调度方案。建设应急指挥中心和应急队伍，加强应急装备和物资储备，组织应急技术培训和应急处置演习，实行由市发改委、规划委、财政局、水务局、农业农村局、生态环境局等多部门联动的工作机制，提高工作水平和效率（刘培斌，2007）。

7.1.6.5　采取科技手段，构建数字化、信息化、网络化平台

发展密云水库上游地区节水型农业和节水灌溉技术，优化水资源配置，减少污水排放量，减轻二次污染。上游地区用水主要是农业灌溉，约占用水总量的70%，而农业用水的利用系数很低，浪费严重。根据地理位置、地形、土壤、气候、物候等条件，并考虑种植作物的种类，在试种适宜的条件下，适时适地发展灌水次数少、灌水定额小的节水农业新技术，如微喷、喷灌、滴灌、渗灌。对种植玉米、小麦等经济效益不高的作物，也可考虑发展覆膜灌溉、微畦灌等新技术（谭奇林，2002）。

做好乡村污水处理与再生水回用规划，优化污水处理与收集方式、处理规模、处理技术工艺和管理模式。大力发展环保产业，积极开发推广农村新能源技术，遏制农村面源污染严重。建立农村饮用水水质及污染源数据库和信息管理系统，建设水污染监测与预警系统，增强环境监管的科技支撑能力。开展地下水普查及地下水污染防治关键技术研究，对地下水进行脆弱性分区，科学划定水源保护区。

根据生态清洁小流域建设的需要，建立完善水源保护监测网络。充分利用信息化手段，推进GIS、RS、互联网等技术与水土保持的融合，深化遥感技术在水土保持监督管理中的应用，建成了卫星遥感监测系统，基于高分辨率遥感影像判读地表扰动情况，提高了监督管理工作效率；完善水土保持监测网络和水土保持科技示范区建设，强化动态监测。建立密云水库水土保持核心业务平台，实现基础空间数据的存储、分析与管理（刘培斌，2007）。

7.1.6.6　加强宣传、教育和培训

加强宣传教育，完善公众参与机制，营造节约资源和保护环境的舆论氛围。加强环境文化建设，倡导生态文明，提倡科学文明的生活方式，改变各种不文明的环境行为和不合理的消费模式。加强舆论监督，利用报纸、广播、电视等新闻媒体，抓住典型进行剖析，开展警示教育，发挥新闻舆论的引导和监督作用。加强对领导干部、排污企业负责人的环保培训。推广有机农业和生态农业，生产有机食品和绿色食品，指导农民科学施肥，提高化肥的利用率。完善环境信息公开渠道，实行环境质量公告制度（刘培斌，2007）。

7.1.7　小结

北京密云水库库区及入库水中氮、磷水平属于中营养，水质尚好，符合国家地表水Ⅱ类标准。但库区水体存在富营养化的趋势，主要为总氮含量超标。密云水库作为大城市郊区饮用水水源地，农村居民生产、生活产生的污染物是最大的污染源，山区地势和多暴雨的自然条件导致的水土流失也是重要的污染

途径。北京市在水库上游及周围地区实施了一系列重大水源地保护工程，形成了“以小流域为单元，以水源保护为中心，以溯源治污为突破口，统一规划，构筑生态修复、生态治理、生态保护三道防线，实施污水、垃圾、厕所、河道、环境‘五同步’治理，采取21项措施，建设生态清洁小流域”的水土保持工作思路。

7.2 湖北省丹江口水库水环境现状及保护实施方案

7.2.1 湖北省水资源概况

据2019年湖北省水资源公报显示，湖北省水资源供给以地表水源供给为主，地下水供给和其他水源供给开发程度低，占比不足2%。2019年湖北全省共统计大中型水库353座，其中大型水库72座，当年末蓄水量为400.66亿立方米；中型水库281座，当年末蓄水量为29.54亿立方米。全省13个典型湖泊年末蓄水总量为21.12亿立方米。2019年全省总供水量303.15亿立方米，其中地表水源供给量297.31亿立方米，占总供水量的98.1%；地下水水源供水量5.57亿立方米，占总供水量的1.8%；其他水源供水量0.27亿立方米，占总供水量的0.1%。跨水资源区调水主要为淮河流域调入长江流域水量，占0.2%。湖北省现有县级以上集中式饮用水水源地共计147个（包括河流型水源地87个、湖库型水源地58个、地下水型水源地2个），其中地级及以上33个、县级114个。在用县级及以上集中式饮用水水源地129个（其他为备用或停用）（张季等，2020）

据2018年湖北省水资源公报，湖北省水环境监测中心按照国家《地表水环境质量标准》（GB 3838—2002），对长江、汉江、淮河干流湖北段及省内92条中小河流的水质进行了监测评价。全年期评价河长10 822.5千米，其中Ⅰ类水河长占2.2%；Ⅱ类水河长占65.4%；Ⅲ类水河长占25.0%；受污染的Ⅳ类水河长占5.0%；污染较重的Ⅴ类水河长占0.5%；污染严重的劣Ⅴ类水河长占1.9%。Ⅲ类水及以上的河长占总评价河长的92.6%，劣于Ⅲ类水的河长占总评价河长的7.4%，主要集中在城市河段和部分支流，河流水源地水质总体较优，主要超标项目为氨氮、总磷、BOD_5等。

监测评价湖泊29个，评价面积为1 642.68平方千米；其中Ⅲ类水湖泊2个，为洪湖、武山湖，评价面积为418.1平方千米，占25.4%；Ⅳ类水湖泊13个，评价面积为857平方千米，占52.2%；Ⅴ类水湖泊10个，评价面积为308.04平方千米，占18.8%；劣Ⅴ类水湖泊4个，评价面积为59.54平方千米，占3.6%。湖泊主要超标项目为总磷、氨氮、高锰酸盐指数。按营养状态评价，轻度富营养湖泊14个，评价面积1 261.68平方千米，占76.8%；中度富营养湖泊15个，评价面积为381平方千米，占23.2%。

监测评价水库72座，与2017年水库数量一致；Ⅰ类水水库2座，占2.8%；Ⅱ类水水库39座，占54.2%；Ⅲ类水水库23座，占31.9%；Ⅳ类水水库7座，占9.7%，Ⅴ类水库1座，占1.4%，为西排子河水库，主要污染物为总磷。按营养状态评价，55座水库为中营养，17座水库为轻度富营养。

根据相关文献对湖北省境内水源地进行污染情况调查，将污染指标超标情况由高到低分为总磷、COD、BOD_5、氨氮和高锰酸钾盐指数。湖北省境内湖泊总磷超标情况形式十分严峻，在境内309个湖泊中，总磷浓度处于Ⅴ类和劣Ⅴ类的湖泊数量达到了176个，占比57%。其中，处于劣Ⅴ类的湖泊数有93个，占湖泊总数的1/3。COD污染情况不容忽视，未达Ⅲ类标准的湖泊有190个，占到湖泊总数的61.5%。其中，处于Ⅴ类和劣Ⅴ类的湖泊数量达到了64个。相较于湖泊COD污染，BOD_5污染状况较轻，但情况也不容乐观。其中，处于Ⅳ类水标准的有60个，处于Ⅴ类和劣Ⅴ类的湖泊个数有55个。氨氮污染情况较轻，处于Ⅳ类水质标准的湖泊有25个，Ⅴ类标准的湖泊有5个，劣Ⅴ类的湖泊有19个，处于Ⅲ类或优于Ⅲ类的湖泊数量达260个，占比达84.1%。高锰酸钾盐污染情况相对较轻，处于劣Ⅴ类的湖泊数仅有2个，处于或优于Ⅲ类标准的湖泊数有207个，占比达67.0%。在空间分布上，武汉市、荆州市和黄冈市整体湖泊水质超三类标准的数量最多，随州市和神农架林区基本无超Ⅲ类水标准的湖泊水源地（朱正会，2019）。

7.2.2 丹江口水库概况

丹江口水库是南水北调中线工程水源地，也是亚洲最大的人工湖。丹江口水库位于鄂、陕、豫三省交界，是汉江干流与其支流丹江的交汇地，库区呈"V"字形，分为丹江库区和汉江库区。库区总面积846平方千米，库区水面东西宽超20千米。其库区流域在湖北省境内涉及十堰市所辖的丹江口市、郧阳区、郧西县、张湾区4县（市、区），丹江口水库控制流域面积约为9.52万平方千米，占汉江流域集水面积的60%。库区多年平均流量409亿立方米，丹江口水库来水包括汉江流域上游和其支流丹江。为实施南水北调中线工程，丹江口大坝从2005年9月开始进行加高，2013年5月完成加高工程；大坝加高后，丹江口水库正常蓄水水位从157米提高到170米，库容从174.5亿立方米增加到290.5亿立方米（董亚东等，2015）。

7.2.3 丹江口水库水环境现状

丹江口水库水质良好，绝大部分水域为中营养化状况，但典型支流和库湾在特定的时段内为富营养化状况（汪朝辉等，2012；黄拥军等，2014）。丹江口水库从2014—2018年入库流量逐年减少，出库流量基本呈现增加趋势。水库汛期来水丰枯不均，秋汛9～10月来水丰沛（肖烨等，2018）。丰水期水质主要受农业面源污染的影响，而枯水期水质主要受人类活动如工业生产、城镇径流等点源污染的干扰。历史监测数据显示，湖北库区除总氮指标外，其余监测指标水质类别均达到或优于Ⅱ类，总体水质保持优良；氨氮、总磷、总氮3项指标年均浓度从2007年起呈增加趋势，在2011年后均有所降低并趋于稳定（宋国强等，2009；尹炜等，2011；黄拥军等，2014；张煦等，2016）。目前采取的各项环保措施对丹江口水库的水质产生了积极的影响，但是丹江口库周边地区水土流失、农业农村面源污染等生态环境问题依然存在（李莉等，2014；韩培培等，2016），需继续加大各项治理措施的实施力度，完善水质监测系统，保障丹江口水库水质安全。

7.2.4　丹江口水库水环境存在的主要问题

7.2.4.1　库周及上游流域坡耕地问题水土流失未得到有效治理

水源地库区周边地貌形态由山地、丘陵和盆地构成，尤以中山、低山为主，一般海拔在500～1 500米，山高坡陡，地形起伏较大。《湖北省水土保持规划（2016—2030年）》将丹江口地区划分为鄂西北丹江口水库周边山地丘陵水质维护保土区。根据2019年湖北省水土保持公报显示，丹江口地区仍存在着较大面积中等和强烈及以上的水土流失。水库环库区为丘陵垄岗区，土壤类型以黄棕壤和黄黏土或红黏土为主，土层较薄。库区属亚热带季风气候区，气候温和，年均温15.9℃，年均降水量在800毫米左右，降水集中在4～10月（占全年的84.5%），外加历史上长期以来该地区片面强调粮食生产，引起陡坡开荒及毁林开荒以及乱砍滥伐林木等人为活动，进一步加剧了水土流失的发生（朱明勇等，2009）。

水土流失主要来自植被覆盖小的坡耕地、荒坡、幼林，其中以坡耕地最为严重。丹江口库区及其上游流域水土流失主要发生在库周以及汉江干流至汉中盆地周边地区，其水土流失面积达土地总面积的53.1%，年均土壤侵蚀量为1.82×10^{8}吨。有研究表明，坡度越大，水土流失越严重，15°～25°之间水土流失强度为6 000～15 000吨/(平方千米·年)，坡度大于25°水土流失加剧，治理困难，恢复缓慢。2010—2015年丹江口水库汇水区土壤重度以上侵蚀主要发生在坡度大于15°的坡耕地，在坡度15°～25°的坡耕地上实施退耕还林还草生态恢复工程虽具有良好的生态效益，但因经济效益很少而不能让老百姓接受。因此，有效的水土流失防治措施难以实施。而在坡度大于25°的坡耕地实施退耕还林、还草存在投入大而防治效果不理想的问题，因而此类坡耕地水土流失情况依旧比较严重。

同时，随着水库大坝加高蓄水，库区淹没面积逐渐扩大，库区水文情势也随之发生改变，环库区消落带面积逐步增加。在地形、气候与人类活动等多重因素的影响下，环库区消落带局部区域水土流失现象比较严重。根据相关研究，随着库区季节性水位的涨落，环库区消落带局部区域由于水力侵蚀作用存在滑坡、崩塌现象。环库区 69%的消落带出现了不同程度的水土流失问题，其中有 23%的消落带受到强烈及其以上程度的土壤侵蚀（肖烨等，2018）。

7.2.4.2 农业农村面源污染形势严峻

丹江口库区湖北段的面源污染主要来自农业种植、畜禽与水产养殖、农村生活污水几个方面。丹江口库区土地利用类型以农业用地为主，由于山区人多地少，为追求耕地高产出而不断加大化肥、农药施用量，而农民由于专业知识的缺乏，农用化学品的使用活动常根据经验开展，致使农药、化肥施用量往往过度，经水土流失进入水库区，造成了水质的污染。另外，环库区消落带内有大量的农田，化肥施用量较大，但利用率较低，当库区水位上升消落带处淹没状态时，农田中的氮、磷、重金属和农药等有毒有害物质则逐渐释放到水体中，从而影响水质安全（李莉等，2014）。据统计，2017 年丹江口市氮、磷、钾肥施用总量达 14 100 吨，每公顷平均用量折纯为 315 千克，而氮、磷肥占 95%以上；农药用量达到 1 431 吨，每公顷平均用量 31.5 千克。相关研究表明，水源地氮肥使用已经处于风险状态，施用量大的地区土壤酸化严重，致使营养元素流失而污染水体（王鑫等，2019；荣以红，2019）。

丹江口库区规模化以下养殖场内大多采取散养的方式，禽类粪便处理简单，多采用水冲式，粪便废水产生量较大，高污染负荷的粪便废水排入地表水体，造成了环境与水体污染。丹江口水库网箱养鱼始于 20 世纪 70 年代，主要养殖鲌鱼、鳡鱼、鲟鱼。截至 2014 年，丹江口水库十堰区域网箱数量超 12.2 万只，由于部分投饵养殖过程会投放大量的饵料及鱼药，加之用量不合理，投喂的饵料除了部分被鱼类摄取外，其他未被利用的饵料及鱼类排泄物会恶化库区水质，加速了丹江口水库富营养化的进程。

根据湖北省生态环境科学研究院的调研结果，库区 1 857 个行政村普遍存在生活污水未经处理直接排放、生活垃圾自然堆放、分散畜禽养殖污染日趋加重等主要环境问题。除此之外，地膜污染也是来源之一，残留地膜不仅仅影响了耕作，并且还会释放出有害的物质，污染地下水和土壤。农村面源污染已成为直接威胁丹江口水库水质安全和影响当地群众身体健康的重要因素（黄宁阳等，2016）。

7.2.4.3 工业点源污染仍旧严重

随着流域内经济的发展，工业废水排放量逐年增加，工业产业结构不合理，重污染的造纸、化工及制药行业在工业生产总值中所占的比重较大，金属和非金属矿产资源的开发造成植被破坏和水土流失，产生的污染物排入环境，造成水体污染。由于丹江口库区地跨多个省份，目前还没有建立起完整的生态环境保护体系。近些年，水源地已通过有效关、停、并等方式减少了大量污染企业。但部分库湾和入库支流的水质依旧污染严重，在水源区有色金属汞、钒和钼矿采选加工业比较发达，广泛的分布于水源区上游，临近库区的河南、陕西等地工矿企业由于废水处理设施落后等问题，导致库区支流中重金属含量严重超标。库区上游的氮肥企业较多，而大多企业污水处理设施落后，无法保证废水中氨氮、总氮稳定达标排放。此外，库区特色种植（中药、黄姜等产业）及加工行业的发展也给水库水质带来一定的影响（张煦等，2016；廖霞林等，2008）。

7.2.5　丹江口水库水源地已采取的保护和治理措施

7.2.5.1　打造水源地生态屏障

丹江口市以“生态市创建”和省级环保模范城市创建为契机，开展“绿满丹江口”为主题的生态环境升级行动和精准灭荒三年行动。大力推进封山育林、退耕还林，并在库区沿岸建设了北京、天津等5个生态纪念林基地，完成总长度105千米、面积10 000公顷防护隔离林带建设，中心城区共建设城市防护隔离林带265公顷，全市森林覆盖率由34.2%提高到55.86%。以小流域为单元，在全市55条小流域实施山、水、林、田、路综合治理水土保持工程。大力推进“生态城镇群”建设，生态镇、生态村、生态家园和美丽乡村数量逐年攀升。

7.2.5.2　探索水源地生态农业

2013年，湖北省在水源地丹江口、郧阳、郧西、竹山、竹溪和房县共计中央投资155万元，在丹江口、竹山、竹溪等地配套省级专项25万元继续大力实施测土配方施肥项目。2014年，在湖北省土壤肥料工作站组织下，在竹山、房县、竹溪等地实施耕地保护与地力提升项目，每个项目县中央投资45万元，开展秸秆还田快速腐熟、绿肥种植、增施有机肥等综合技术示范应用，优化了施肥结构，改善了耕地养分结构，提升了土壤保水保肥能力，从源头上有效地减少了面源污染的产生。此外，十堰市积极推进“四百万”（即百万亩茶叶、百万亩中药材、百万亩核桃、百万只山羊）特色产业建设工程，改变粗放农业生产方式，改善生态环境。

推广绿色畜禽养殖发展模式。一是生态畜牧，发展生猪、家禽、草食畜牧业等生态养殖，大力推广养猪“150”和养羊“1235”模式，在库区沿线周边，配合地方政府对已建养殖场实施关停并转，减轻畜禽养殖对水源区的破坏。二是复合种养，依托茶叶、柑橘、蔬菜等产业，大力发展猪-沼-果（茶、粮）、茶（橘）园养鸡、橘园养羊等先进实用的农牧结合种养模式。累计推广以沼气为纽带的种-养-沼循环生态农业模式70余万亩、果（茶）-鸡-粮三元复合生态农业模式20万亩。

推行畜禽粪污资源化利用。为防止库区周边的畜禽养殖粪污入库造成污染，水源地大力推行“干清粪”工艺，干粪还田还林，有效降低了畜禽粪便排放量；同时，支持大型猪场采用沼气厌氧发酵工艺处理粪污，并加装沼液固液分离处理机，将沼渣制粒装袋、沼液滤清装瓶，沼渣沼液制肥施用常态化、商品化、市场化，将猪场粪污“吃干榨净”；在养殖场推行以谷壳、锯末、枯草菌和酵母菌等复合微生物发酵菌制成的混合有机物垫料，前置处理生猪粪污，实现粪污减排。

7.2.5.3 开展专项和综合整治

2018年丹江口市新建城乡污水管网58千米，对14座污水处理厂进行扩能提升，修复管网15千米。深入开展汉江入河口整治，对13个直排口挂牌治理。同时，划定饮用水水源一级保护区约200亩、二级保护区2 400亩，在保护区内从严开展执法检查。设立保护区边界物理隔离网1 500米、水面防护隔离带400米，安装防护筒200米。此外，水源地先后开展“饮用水源专项整治”、“清水行动”、“保水质、迎调水”百日攻坚行动、“零点行动”和“整治违法排污企业保障群众身体健康”等专项执法检查。

2018年，相关部门清理丹江口库区网箱养殖12.1万余只，2 488户渔户“洗脚上岸”。争取农村环境整治项目资金1.47亿元，对全市147个村的饮用水源、生活垃圾、生活污水以及畜禽养殖污染实施环境综合整治。大力实施水土共治行动、化肥减施替代行动、土壤修复行动、大力推进“厕所革命”。十堰当地农业部门与新西兰怀卡托大学、华中农业大学等科研单位合作，引进生物脱氮沟、生物载体廊道、植物篱等农业面污防治技术，引进百喜草等水保植物开展水土保持技术。

7.2.5.4 加强农业面源污染监测与监管

2012年，水源地结合农业部项目启动了丹江口库区沿岸1千米内农业面源污染调查。2013年，又开展了库区畜禽养殖污染专题调研，掌握农业生产污染状况。在水源区建农业面源污染监测点9个，常年监测农业面源污染变化动态。开展农业面源污染治理示范，建脱氮沟3处，防治面积近2万亩。为加强库区渔政执法能力建设，2014年湖北省农业厅积极向农业部争取，为库区周边渔政执法机构配备50吨级渔政船2艘、渔政执法快艇2只，总投资370万元。同时，加大渔政执法力度，维护正常渔业作业秩序。

7.2.6 丹江口水库水源地水环境保护实施方案

7.2.6.1 全面调整水源区农业种养结构

围绕减少农业面源污染，科学规划种养重点区域，将化肥、农药使用量较大的作物，特别是在核心水源区（丹江口市、郧西县、张湾区、武当山特区、茅箭区）如黄姜等品种禁止种植，丹江沿岸1千米范围内减少蔬菜等瓜果作物，禁止规模化养殖小区建设，丹江库区禁止投饵网箱养殖。加强生态林建设，提倡无公害栽培技术，种植中药材、茶叶等化肥、农药使用量少的作物，畜禽养殖推行生物发酵床技术，对粪便和污水进行生物处理。

7.2.6.2　加强农业农村面源污染防治

结合农村实际情况，推行农村环境连片整治，对人口相对集中产生的生活污水，通过污水管网收集，采用人工湿地等进行处理，对人口相对分散的生活污水，采用庭院湿地或者国内先进的粪尿分离技术；推广近年来技术引进、吸收、消化以及自主创新改进的植物篱治理坡耕地面源污染技术、农田生物脱氮技术和畜禽污水生物廊道集中处理等生物防控技术，形成适合丹江库区的小流域农业面源污染治理模式，拓宽和延伸农业面源污染防治技术体系，推广小流域面源污染末端处理新技术，消除丹江库区流域分布广泛、地形复杂、现代化污水处理厂建设、运行不便、投资巨大的限制。

7.2.6.3　加强水土保持生态综合治理

水土保持是控制面源污染的综合治理措施。由于流域内周边地区以浅山、丘陵为主，地形破碎复杂，可采取以生态清洁小流域为单元，以生态环境保护和建设为切入点，根据各小流域的生态、经济特点和利用方式，以生物措施、工程措施为主，进行封山育林，人工造林，退耕还林，做好治理小流域的工作；因地制宜地采取护坡、整地、绿化等措施，修建塘坝、小型水库做好拦洪截流，适当地调整作物的布局，科学地耕作，进行经济林的开发，尽量避免人为因素导致的水土流失。

对坡度大于15°坡耕地继续稳定实施退耕还林还草政策，种植根系发达的香根草、芦苇、狗牙根等优势植物群落以达到护坡固土的作用；对于坡度小于15°的坡耕地，以坡改梯的方式控制水土流失。严禁乱砍滥伐环库周围地区的天然林地，禁止毁林开荒，加强人工林和混交林培育以修复退化林地；在环库区消落带规划种植耐淹水植物构建植被缓冲带以防止水土流失，优化环库生态林保护屏障。

7.2.6.4　实施清洁生产，控制点源污染

加强入库支流的水质污染控制，科学规划、合理布局，严格控制进入各级支流的废污水总量，如对神定河、泗河、官山河、剑河、堵河、甲河、天河、滔河、仙河、老灌河、旬河等河流加强水质监测；对于污染严重的河流实施综合治理，加大投入，加强城市污水管网收集建设力度，实施雨污分流工程，确保生活污水、工业废水进入城市污水处理厂达标排放。大力调整产业结构，实施清洁生产，下大力气对污染严重的工业企业实行关停并转，减少点源污染

(肖烨等，2018)。

7.2.6.5 建立水源地农业环境监测体系

适时、动态监测手段是保障丹江库区农业面源污染得到有效控制的基本技术前提。建立市、县农业生态环境监测体系，配备必须仪器设备，对农业面源污染等重要指标进行长期、跟踪监测，以便准确掌握水源地环境现状，以及水质变化和区域治理成效。

7.2.6.6 建立合理的生态补偿机制

遵守“谁破坏谁付款，谁受益谁补偿”的原则。作为南水北调中线工程水源地的丹江口水库地区，承担了维护水质的责任。与生态保护相悖的经济活动将会受到限制。为了协调库区经济与环境的和谐发展，应进行生态补偿。短期补偿可通过最直接的经济补偿，长期的补偿可对保护地区进行适当的政策补偿、技术补偿。结合水源保护区实际情况，提供一些新型的高新技术，帮助解决水源保护区水源保护与经济发展之间的冲突，从而真正地实现自我的发展(吴德文等，2015)。

7.2.6.7 加强水源地保护的宣传教育

依托“对口协作”、“六五”环境日、“环保世纪行”、“四清行动”、“新环保法”宣讲等各种活动，加强十堰与北京两地市民的环保意识，通过电视、报纸、杂志、书籍等媒介，呼吁社会各界踊跃参与到丹江口水库生态环境保护的行动中来，树立“节水洁水、人人有责”的行为准则。

7.2.7 小结

湖北省丹江口水库库区除总氮指标外，其余监测指标水质类别均达到或优于Ⅱ类，总体水质保持优良。绝大部分水域为中营养化状况，部分支流和库湾在特定的时段内存在富营养化状况。丹江口库区土地利用类型以农业用地为主，化肥、农药施用量大，土壤酸化严重致使营养元素流失污染水体，农业农村面源污染已成为直接威胁丹江口水库水质安全的重要因素。库区湖北段的污染主要来自农业种植、畜禽与水产养殖和农村生活污水。同时，值得关注的是，随着水库大坝加高蓄水，库区淹没面积逐渐扩大，环库区消落带面积逐步增加，农田中的氮、磷以及重金属和农药等有毒有害物质逐渐释放到水体中，加大了水质污染风险。丹江口市着力打造水源地生态屏障，以小流域为单元，在全市实施山、水、林、田、路综合治理水土保持工程。此外，还积极探索生态农业，推广绿色种植和畜禽养殖发展模式，推行畜禽粪污资源化利用。

参考文献

白鹤岭，刘慧勤，高计生，2016. 密云水库上游生态清洁小流域建设技术体系研究 [J]. 中国水土保持（10）：43-45.
毕小刚，杨进怀，李永贵，等，2005. 北京市建设生态清洁型小流域的思路与实践［J］. 中国水土保持（1）：22-24、55.
常纪文，李其军，2019. 密云水库“五保水”让清水下山、净水入库［J］. 环境经济（6）：33-37.
董亚东，杨文宇，秦赫，2016. 丹江口库区水域面积动态变化分析——基于长时间序列 Landsat 数据［J］. 安徽农业科学，44（1）：321-324.
冯庆，王晓燕，王连荣，2009. 水源保护区农村生活污染排放特征研究［J］. 安徽农业科学，37（24）：11681-11685.
韩培培，谢俭，王剑，等，2016. 丹江口水库新增淹没区农田土壤重金属源解析［J］. 中国环境科学，36（8）：2437-2443.
洪佳雨，张倩，吴锋，等，2020. 农业生态补偿的环境效益评估——以“稻改旱”政策为例［J］. 干旱区资源与环境，34（8）：103-108.
黄拥军，鲍喜蕊，2014. 丹江口水库水环境问题研究［J］. 人民长江，45（S2）：54-56.
贾东民，高训宇，郝丽娟，2012. 密云水库流域水环境安全保护措施探讨［J］. 北京水务（1）：7-10.
李莉，潘坤，丁宗庆，2014. 南水北调丹江口库区水源地面源污染状况分析［J］. 资源节约与环保（11）：149-150.
廖霞林，王楠，2008. 湖北省农村饮用水安全问题与对策［J］. 湖北社会科学（1）：91-93.
林惠凤，刘某承，熊英，等，2016. 流域水资源保护补偿标准研究——以京冀“稻改旱”工程为例［J］. 干旱区资源与环境，30（3）：7-12.
刘健利，2019. 水源型水库水质研究进展与我国代表性水库现状［J］. 净水技术，38（12）：1-5、45.
刘可暄，王冬梅，常国梁，2020. 北京市密云水库上游小流域规划建设思路探析［J］. 水利规划与设计（9）：156-159.
刘培斌，2007. 北京饮用水水源地保护与管理研究［J］. 中国水利（10）：138-140、134.
荣以红，2019. 问题导向　分类施策　全面加强湖北水资源监督管理［J］. 中国水利（17）：51-52.
宋国强，殷明，张卫东，等，2009. 丹江口水库入库河流总氮通量监测［J］. 环境科学与技术，32（12）：135-137、198.
谭奇林，2002. 北京水源地保护的意义及措施［J］. 河北工程技术高等专科学校学报（2）：5-7.
汪朝辉，谭勇，李喆，等，2012. 丹江口水库典型库湾及支流富营养化评价研究［J］. 人民长江，43（8）：61-64、75.
王凤春，郑华，王效科，等，2017. 北京与密云水库上游地区水生态合作机制研究［J］. 生态经济，33（8）：164-168.
王晓燕，王一峋，蔡新广，等，2002. 北京密云水库流域非点源污染现状研究［J］. 环境科学与技术（4）：1-3、48.

王鑫，肖彩，薛泽宇，等，2019. 应用遥感技术监测丹江口水库氨氮分布研究 [J]. 水资源研究，8（5）：436-444.

吴德文，常乐，2019. 丹江口流域总氮时空分布特征研究 [J]. 科技与创新（7）：84-85.

肖烨，黄志刚，2019. 丹江口水库水环境变化特点及其改善对策 [J]. 水土保持通报，39（6）：218-222.

谢杰，朱立志，2009. 城市水源地农村环境污染影响因素分析——以北京市密云水库为例 [J]. 中国农村经济（4）：54-61.

杨进怀，吴敬东，祁生林，等，2007. 北京市生态清洁小流域建设技术措施研究 [J]. 中国水土保持科学（4）：18-21.

杨进怀，叶芝菡，常国梁，2018. 改革开放 40 年北京市水土保持生态建设回顾与展望 [J]. 中国水土保持（12）：13-16.

杨荣金，张一，李秀红，等，2019. 创新永定河流域生态补偿机制，助力京津冀协同发展 [J]. 生态经济，35（12）：134-138.

尹炜，史志华，雷阿林，2011. 丹江口水库水环境问题分析研究 [J]. 人民长江，42（13）：90-94.

张季，闫峰陵，2020. 湖北省饮用水水源地保护存在的问题及对策研究 [J]. 人民长江，51（S1）：38-40.

张煦，熊晶，程继雄，等，2016. 丹江口水库湖北库区水质分区及长期变化趋势 [J]. 中国环境监测，32（1）：64-69.

郑婕，薛新娟，2018. 北京市密云水库水质状况分析 [J]. 北京水务（z2）：33-38.

朱明勇，党海山，谭淑端，等，2009. 湖北丹江口水库库区降雨侵蚀力特征 [J]. 长江流域资源与环境，18（9）：837-842.

朱正会，2019. 湖北省 309 个湖泊水域污染现状特征分析 [J]. 广东化工，46（17）：139-143、147.

祝大山，2020. 密云水库库滨带水源保护建设研究 [J]. 北京水务（S1）：64-68.